Urte Biallas

Bodenarbeitskurs

Spiele, Schrecktraining & Co.

Müller Rüschlikon

Einbandgestaltung: Kornelia Erlewein

Titelbild: Archiv Urte Biallas

Bildnachweis: Alle Bilder: Archiv Urte Biallas

Alle Angaben in diesem Buch wurden nach bestem Wissen und Gewissen gemacht. Sie entbinden den Pferdehalter nicht von der Eigenverantwortung für sein Tier. Für einen eventuellen Missbrauch der Informationen in diesem Buch können weder die Autorin noch der Verlag oder die Vertreiber des Buches zur Verantwortung gezogen werden. Eine Haftung für Personen-, Sach- und Vermögensschäden ist ausgeschlossen.

ISBN 978-3-275-01830-7

Postfach 103743, 70032 Stuttgart
Ein Unternehmen der Paul Pietsch Verlage GmbH & Co. KG
Lizenznehmer der Bucheli Verlags AG, Baarerstr. 43, CH-6304 Zug

1. Auflage 2012

Sie finden uns im Internet unter www.mueller-rueschlikon-verlag.de

Lektorat: Angela Saur
Innengestaltung: Kerstin Diacont
Druck und Bindung: Graspo CZ, 76302 Zlin
Printed in Czech Republic

Einleitung

Einleitung

Vorwort

Bodenarbeit, vor 30 Jahren noch fast unbekannt (mit der Ausnahme von Longieren und ein paar speziellen Ausbildungsmethoden wie langem Zügel oder Fahren vom Boden), findet heute gerade auch in der Freizeitreiterei immer weitere Verbreitung. Das ist natürlich ein wesentlicher und erfreulicher Schritt in Richtung artgerechte Ausbildung.

In freier Wildbahn legt das Pferd geschätzte 10.000 km im Jahr zurück. Dabei wandert es durch Schluchten, steigt über Geröllfelder, durchschwimmt Flüsse. Es lernt, jedes Wetter gelassen und ohne gesundheitliche Nachteile hinzunehmen. Bei diesen Wanderungen macht es eine Fülle von Erfahrungen, seine Sinnesorgane sind hellwach, seine Koordination geübt.

Welche Erfahrungen machen die »Kinder des Windes« in unserer Welt, der Welt der »zivilisierten Menschen«? »Sichere« Weiden, enge Boxen, kleine Ausläufe sind der Ersatz für die Weite von Horizont zu Horizont ... Mit geschickter Bodenarbeit können wir dem Pferd dennoch einige interessante Lernerfahrungen bieten: Wie fühlt sich ein Brett an, das kippt? Wie fühlt sich der Körper auf wackeligem Untergrund an, und wie schafft es ein Pferd, langsam über eine Reihe von Autoreifen zu gehen? Wie ist das Gefühl, wenn eine Plastikplane, eine Gerte oder ein Ball den Körper überall berührt?

Alle diese Sinneserfahrungen sind so wichtig bei einer Aufzucht in der Enge unserer heutigen Welt. Sind wir, die wir das Pferd aus der Freiheit in unsere Ställe geholt haben, nicht verpflichtet, seinem Nervensystem Anreize zu bieten?

Nach einer Statistik einer großen Versicherungsgesellschaft über Unfälle im Pferdesport und deren Ursachen geschehen die weitaus meisten Unfälle nicht im schweren Sport, beim Sprung über haushohe Hindernisse, bei Geländeschwierigkeiten, sondern – äußerst banal – auf der Stallgasse, beim Putzen und Satteln, beim Führen auf die Koppel. Das »hochspezialisierte Fluchttier« (K. Zeeb) kann unerzogen, ungeübt den Menschen durch seine Ängstlichkeit und Schreckhaftigkeit in Gefahr bringen. Bei der Teilnahme an Prüfungen, Kursen, Veranstaltungen oder einfach beim Stallwechsel kommt es oft zu großer Aufregung. Mit ein paar Übungen (am besten den Lieblingsübungen) aus dem Programm dieses Buches kann diese Aufregung leicht behoben werden: Ist doch der wichtigste Grundsatz bei nahezu allen Problemen das Beschäftigen des Pferdes, damit es sich nicht in Angst, Aufregung, Nervosität oder Sturheit hineinsteigert. Der Pferdebesitzer/-ausbilder muss immer agieren, nicht in die bloße Reaktion kommen.

In einem Stall, in dem gute Bodenarbeit praktiziert wird, fällt die Sicherheit und Ruhe im Umgang sofort auf. Kein Pferd rempelt seinen Pfleger an oder überrennt seinen Besitzer in dem Wunsch, so schnell wie möglich auf die Koppel zu kommen. Auch beim Reiten stellt man mit Erstaunen fest, wie weit der Fluchttrieb ausgeschaltet werden kann.

Doch diese Arbeit ist nicht nur beim ängstlichen Pferd von großem Vorteil. Mich fasziniert immer wieder, wie umsichtig-geschickt so gearbeitete Pferde sich bewegen, wie sie rückwärts aus dem Hänger gehen, vorsichtig über eine rutschige Brücke treten, ihre Beine zwischen einem »Stangensalat« aus teilweise erhöhten Stangen mit verschiedenen Abständen sortieren oder sich in den engen Kurven des Stangenlabyrinths ausbalancieren. Solche Pferde starten mit einem großen Plus ins Reitpferdeleben.

Ältere oder zeitweise nicht mehr voll nutzbare Pferde können so schonend beschäftigt werden. Noch im hohen Alter können Geschicklichkeit, Flexibilität und Koordination verbessert werden – mit großem Gewinn für Gesundheit und Lebensqualität.

Eine große Hilfe ist die Bodenarbeit bei der Korrektur von Problempferden. Das vom Menschen enttäuschte, verstörte Pferd kann diesen neu verstehen lernen. Vertrauen entsteht, die Weichen können für ein besseres Miteinander gestellt werden. Jedes Pferd wünscht sich, unser Partner und Freund zu sein und möchte, dass wir lernen, es zu verstehen und ihm den Weg weisen, der für beide passt. Ein Weg, der nicht nur durch menschliche Wünsche vorbestimmt sein darf.

Auch gute Ausbilder – in ihrer oft einseitigen Ausrichtung auf einen ganz bestimmten Sport, der nicht immer in erster Linie das Wohl des Tieres im Auge hat – verkennen mitunter, dass jedes Pferd seine Talente und Schwächen hat (wie jeder Mensch) und dass sich unser Einsatz in vielfältiger Weise lohnt. Gibt doch jedes Tier dem Menschen so reich das zurück, was es bekommen hat.

Nicht zuletzt profitiert der Mensch von dieser Beschäftigung. Er muss die Körpersprache (= Pferdesprache) erlernen. Er sieht sein Pferd und dessen ausdrucksvolle Mimik und lernt es besser kennen. Er entdeckt Besonderheiten, Stärken, Begabungen, Schwächen. Er kann lernen, über (scheinbar) Negatives hinwegzusehen, denn jedes Negative trägt in sich auch Gutes.

Es wird so viel darüber geschrieben, wie wichtig es ist, dass das Tier lernt, dem Menschen zu vertrauen. Nicht weniger wichtig ist die andere Seite: Der Mensch muss zu seinem vierbeinigen Partner Vertrauen fassen. Nach beglückenden Momenten des gegenseitigen Verstehens lernen wir, unser Pferd zu lieben, so wie es ist.

Zu Recht ist also in den letzten Jahren das Interesse an Bodenarbeit gestiegen und so sind Lehren entstanden, die neben Grundsätzlichem und Wichtigem auch subjektive Glaubenssätze der Autoren, Einstellungen und Ideologien enthalten. Für den Anfänger ein schwer zu durchschauendes Labyrinth der Möglichkeiten.

Umso besser, dass hier eine praxisorientierte Autorin die Möglichkeiten, Übungen und Grundsätze zusammenfasst, natürlich mit ihren eigenen Erfahrungen ergänzt, und so ein Handbuch geschaffen hat, das dem Leser Orientierung und Anleitung bietet.

Urte Biallas kenne ich seit mehr als 20 Jahren. Ihre ersten Erfahrungen mit Bodenarbeit hat sie bei mir gemacht. Zu mir kam sie jung, ungeduldig, zappelig mit einem jungen, ungeduldigen, zappeligen Reitpony. Seither ist Urte einen langen Weg gegangen bis hin zur liebevollen Ausbilderin, die Geduld gelernt hat, aber auch konsequent mit sich selbst und anderen ist und die sich erfolgreich diesem Training widmet.

So wünsche ich diesem Buch eine weite Verbreitung zum Nutzen für unsere vierbeinigen Freunde und Sportkameraden und allen Lesern viel Freude und Erfolg beim Training am Boden.

Barbara Heilmeyer

Der Bodenarbeitskurs

Willkommen zu meinem zweiten Band über Bodenarbeit! In meinem ersten Buch habe ich die Grundlagen für die Bodenarbeit vom Führtraining bis zum Lernverhalten sowie viele Hindernisse und Übungen zur Verbesserung der Koordination und Nervenstärke unserer geliebten Vierbeiner beschrieben (Urte Biallas: Bodenarbeit (Die Reitschule) ISBN: 978-3-275-01708-9). In diesem Band geht es weiter mit Spaß und Spiel, abwechslungsreichen Übungen für Fortgeschrittene, ausführlichem Hängertraining, damit Sie Ihr Pferd sicher zu Veranstaltungen transportieren können, Tipps zum Handpferdereiten und Lösungsvorschlägen für Probleme, die auf dem gemeinsamen Weg mit dem Pferd auftauchen können.

Ein weiteres Kapitel widmet sich der Freiarbeit mit dem Pferd, vom freien Folgen bis zum dynamischen Horse Agility über Hindernisse, und das Tierarzttraining hilft, den Stress aus den ungeliebten Terminen zu nehmen.

Der Zweck der Bodenarbeit war ursprünglich, das Pferd am Boden für das Reiten (oder einen anderen Verwendungszweck) vorzubereiten. Mit dieser Einstellung ist die Ausbildung des Pferdes am Boden irgendwann abgeschlossen und muss vielleicht in einzelnen Übungen nur ab und zu wiederholt werden. Bodenarbeit kann aber natürlich als »Selbstzweck« weiter geübt und verfeinert werden, zum Beispiel weil das Pferd aus irgendeinem Grund nicht geritten werden kann – oder weil Ihnen und Ihrem Pferd Bodenarbeit einfach Spaß macht!

Für mich ist Bodenarbeit nicht nur ein schönes Mittel zum Zweck. Sie hilft, die Kommunikation mit meinem Pferd noch mehr zu verbessern, zu vereinfachen und zu harmonisieren. Mir macht es riesige Freude, mir immer wieder neue Aufgaben auszudenken und mit meinem Pferd und anderen Pferden auszuprobieren und zu spielen.

Selbstverständlich klappt das nicht immer auf Anhieb. Doch gerade das gemeinsame Ausprobieren neuer, spannender Dinge und das Basteln an kleinen Schritten bis zum Gelingen einer Übung verbessert nicht nur die Kommunikation zwischen Mensch und Pferd, sondern kann die Beziehung zueinander unglaublich stärken.

Wenn ich auf ein Problem stoße, das ich beim Reiten nicht lösen kann, dann schaue ich, wie ich die Lösung am Boden vorbereiten kann. Hat das Pferd den neuen Bewegungsablauf – zum Beispiel beim geschlossenen Stehen oder Beinekreuzen – verinnerlicht, ist er auch unter dem Reiter meist keine große Schwierigkeit mehr.

Nicht nur das Pferd verbessert sich, auch der Mensch lernt, seine Körpersprache zu präzisieren und eignet sich eine bessere Körperbeherrschung an. Dinge, die ich in den alltäglichen Umgang mit Pferden übernommen habe und die mich auch in meinem gesamten Leben positiv begleiten.

»Ich würde meinem Pferd gerne mehr Abwechslung bieten, gemeinsam schöne und spannende Erlebnisse haben, noch mehr zusammenwachsen und sein Vertrauen in mich stärken.« Könnte dieser Satz von Ihnen stammen, bietet dieses Buch viele Anregungen, um selbst mit den vielfältigen, kunterbunten Möglichkeiten rund um die Bodenarbeit kreativ zu werden.
In diesem Sinne wünsche ich Ihnen und Ihrem Pferd viel Spaß beim Üben!

Ihre Urte Biallas

1

Fortgeschrittene Bodenarbeitsübungen

1. Fortgeschrittene Bodenarbeitsübungen

Voraussetzungen für anspruchsvollere Aufgaben

Kein Eisläufer käme auf die Idee, ein Kür einzustudieren, wenn er noch nicht mal die Pflichtübungen ohne zu wackeln beherrscht. Auf Pferde und ihre menschlichen Trainingspartner übertragen bedeutet das: Bevor Sie sich an fortgeschrittene Aufgaben wagen, sollte die Grundausbildung am Boden erfolgreich durchlaufen sein.

Das Pferd sollte mit minimaler Hilfengebung

- beim Führen von beiden Seiten locker und aufmerksam mitlaufen, ohne am Strick zu zerren oder dauernd getrieben werden zu müssen.
- sich aus verschiedenen Positionen führen lassen (neben, hinter, vor dem Menschen).
- antreten, antraben, anhalten und rückwärts gehen.
- mit der Vorhand und Hinterhand weichen.
- jedes einzelne Bein anheben, vorwärts oder seitwärts bewegen.

Das Pferd sollte gelernt haben

- »zuzuhören«, also sich auf den Menschen und die Aufgabe zu konzentrieren.
- durch positive Verstärkung (Lob, Leckerli) die richtige Lösung der Aufgabe zu probieren.
- höflich Belohnungsleckerli zu nehmen ohne Betteln, Schnappen, Taschenknibbeln usw.

Der Mensch sollte gelernt haben

- dem Pferd seine Wünsche geduldig, freundlich, aber konsequent klarzumachen.
- zum richtigen Zeitpunkt zu loben.
- einen Plan zu haben, also Bilder der Ziele, die er erreichen möchte, vor Augen zu haben.
- seine Körpersprache bewusst einzusetzen.
- deutliche Stimmkommandos zu geben (statt Dauerberieselung fürs Pferd).
- bereit zu sein, laufend aus eigenen Erlebnissen und durch Unterricht weiter dazuzulernen.
- Selbstdisziplin und Selbstbeherrschung walten zu lassen.
- sich beim Umgang mit dem Pferd zu konzentrieren und sich nicht durch äußere Einflüsse ablenken zu lassen.
- auf kleine Anzeichen aufmerksam zu sein, um Verhaltensweisen möglichst schon voraussehen zu können und nicht nur reagieren zu müssen.

Fällt Ihnen auf, dass die Anforderungsliste für den Menschen deutlich länger ist als die für das Pferd? Überall liest und hört man von der Ausbildung des Pferdes, dabei sollte es eher die »Ausbildung des Pferdemenschen« heißen!
Die besten Lehrmeister dabei sind – kein Wunder – die Pferde selbst! Ich empfehle, »mit den Augen zu stehlen«, zuzuschauen bei Kursen und der Arbeit von guten und weniger guten Pferdemenschen, eine Pferdeherde auf der Weide zu beobachten und – das Wichtigste überhaupt – die eigene Arbeit, gelungene und misslungene Situationen im Nachhinein zu reflektieren und zu analysieren.

Lassen Sie sich fotografieren oder filmen

Sehr hilfreich für die Eigenkorrektur sind Serienbilder, die mittlerweile fast jede moderne Digitalkamera in guter Qualität liefert, oder Videosequenzen.
Das Ziel der Korrekturen ist, sich selbst und das Pferd durch die Übungen laufend weiter zu verbessern. Sie lernen eine feinere Hilfengebung und auch klei-

ne Signale des Pferdes wahrzunehmen und darauf in ruhiger, souveräner Art zu reagieren.
Der uralte Spruch »Reiten lernt man nur durch Reiten« gilt im übertragenen Sinne auch für die Bodenarbeit: Die Theorie, Wissen über Pferdeverhalten, Lernpsychologie usw. kann man sich erlesen oder erklären lassen. Übungsabläufe, die richtige Ausrüstung und ihre Anwendung kann man lernen, aber das Gefühl für die richtige Reaktion zum richtigen Zeitpunkt – also echten ***Pferdeverstand*** (neudeutsch: Horsemanship) bekommt man nur durch eigene Erfahrung. Der Weg mit Pferden braucht Zeit, Geduld und die Bereitschaft, laufend an sich selbst zu arbeiten!

Ideen für Stangenhindernisse

Der Klassiker Stangen bietet fast unerschöpfliche Möglichkeiten für abwechslungsreiche Trainingsabfolgen. Stangen sind fast überall vorhanden oder leicht zu bekommen. Sie können als Begrenzung dienen oder als Hindernis überwunden werden. Beine heben beim Übersteigen der Stangen dehnt und baut die Muskeln in Rücken, Bauch und Beinen auf.
Beginnen Sie mit Hindernissen aus wenigen Stangen, und legen Sie Autobahnen statt Trampelpfade. Je enger und höher die Stangen liegen, je komplexer die Aufgabe gestellt ist, desto höher ist der Schwierigkeitsgrad der Hindernisse.

Dualgassen nach Geitner

Eine sehr praktische Alternative sind die Dualgassen nach Geitner: flexible eckige Schläuche mit einer Hülle aus Cordura-Stoff oder LKW-Plane mit einem Kern aus Schaumstoffbalken. Vier Stück passen gerade in den Kofferraum eines Kombis, ideal, um sie schnell für eine kleine Übungseinheit zur Weide oder zum Reitplatz mitzunehmen.
Ihre Vorteile sind die geringe Verletzungsgefahr und ihre Flexibilität, sie auch mal zur Seite oder nach oben gebogen hinlegen zu können. Manche Pferde nehmen sie allerdings wegen ihrer Weichheit nicht ernst und treten dauernd darauf, statt die Beine zu heben.

Zum Warmwerden: eine Stange

Mit einer einzigen Stange kann man ein Pferd schon ausgiebig beschäftigen:

- Vorderbeine darüber, anhalten mit der Stange unterm Bauch, dann vorwärts oder seitwärts in einzelnen Schritten oder flüssig bis zum Ende der Stange treten lassen.
- Jedes Vorderbein einzeln darüber, anhalten, mit der Stange zwischen den Vorderbeinen in Schrittstellung, dann vorwärts.
- Dasselbe mit den Hinterbeinen.
- Aus jeder dieser Positionen nicht vorwärts, sondern rückwärts gehen lassen.
- Rückwärts gehend in jeder dieser Positionen anhalten und je nach Wunsch vorwärts oder rückwärts wieder antreten.
- Seitwärts darüber bis zum Ende der Stange, Mittelhand-, Vorhand- oder Hinterhandwendung, Pferd wieder über der Stange einrangieren, seitwärts über die Stange in die andere Richtung, in der Mitte der Stange halten und vorwärts oder rückwärts gehen lassen.
- Halten auf den Punkt: Lassen Sie das Pferd zuerst aus dem Schritt und dann auch aus dem Trab direkt über der Stange anhalten.

Mehrere Stangen hintereinander

Stangenabstände für flüssiges Überwinden eines Hindernisses (variiert je nach Pferdegröße, Schrittlänge und Tempo):

Schritt	0,40–0,80 m
Trab	0,90–1,30 m

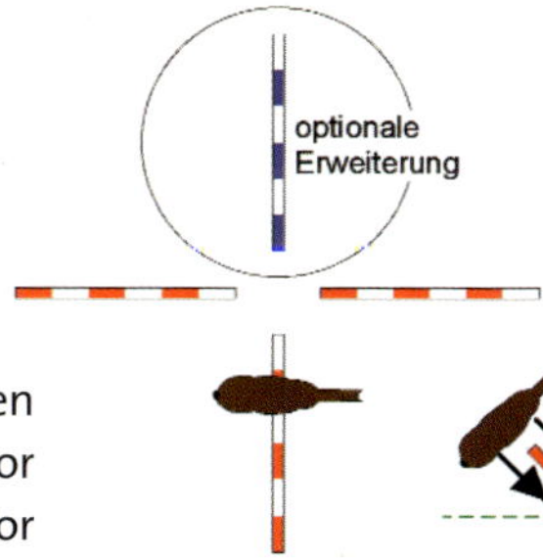

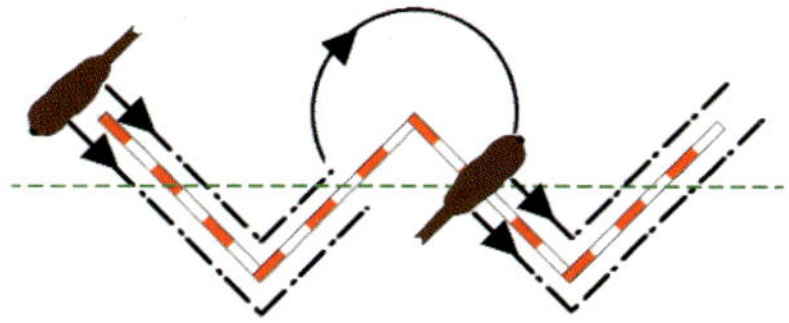

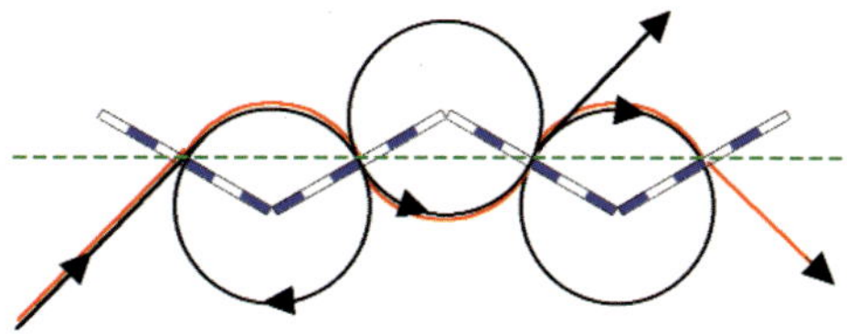

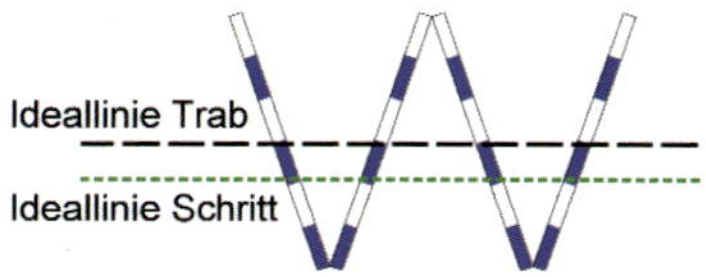

Galopp 2,00 –3,00 m
oder ein Vielfaches dieser Abstände

Testen Sie die Schrittlänge Ihres Pferdes am besten mit zwei hintereinanderliegenden Stangen, bevor Sie ein Hindernis mit mehr Stangen aufbauen. Vor allem im Galopp ist es sicherer, wenn die Stangen nicht wegrollen können, zum Beispiel durch dahinterliegende Backsteine an den Rändern.
Die Stangen können in einer Linie, im Bogen, im Zickzack oder zusätzlich erhöht liegen. Der Abstand zwischen den Stangen wird immer an dem Weg gemessen, den das Pferd nehmen soll.

Varianten:

- Stangen alle, jede zweite oder wechselseitig erhöht (im Schritt bis 30 cm, im Trab und Galopp bis 20 cm) Alle erhöhten Teile müssen in einer Aufnahme oder einem eingekerbten Block (z. B. Pflasterstein) liegen oder anders gesichert werden, so dass sie nicht wegrollen können.
- engere oder weitere Abstände
- unterschiedliche Abstände
- mehr Stangen (bis zu 8)
- Pferd mit jedem Bein einzeln nacheinander über alle Stangen gehen lassen

Stangen-T mit Erweiterung, Stangen-W und Stangen-Z

(siehe 4 Zeichnungen rechts oben)

Diese Hindernisse sind besonders für Seitwärtsübungen über Stangen geeignet. Für die optimale Position des Pferdes zum Seitwärts über einer Stange rangieren Sie es so ein, dass sich die Stange ein Stück hinter der Gurtlage befindet, etwa auf der Höhe, wo der Fuß des Reiters liegen würde. So haben Vorder- und Hinterbeine etwa gleich viel Abstand zur Stange.

Für das T werden die drei Stangen anfangs mit mindestens 50 cm Abstand gelegt. Jetzt kann man das Pferd in alle Richtungen durch das komplette Stangen-T seitwärts gehen lassen. Richtungswechsel erfolgen durch Vorhand-, Hinterhand- oder Mittelhandwendungen oder über eine Volte. Ein eng gelegtes Stangen-W oder ein Stangen-Z bieten durch die kleinen Eckradien einen besonders hohen Schwierigkeitsgrad.

Stangen-U und Doppel-U

(Zeichnungen Seite 12)

Die Standardaufgabe für das »U« geht vorwärts in die Gasse hinein, seitwärts hinter der oder über die Querstange und anschließend rückwärts wieder aus der Gasse hinaus. Das Pferd darf dabei die seitliche Stangenbegrenzung nicht berühren. Die

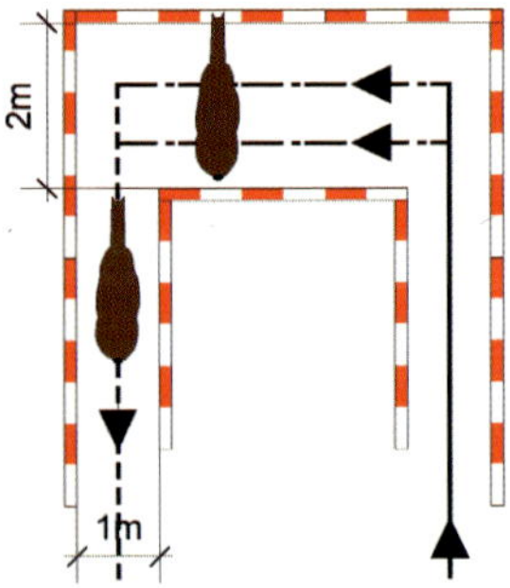

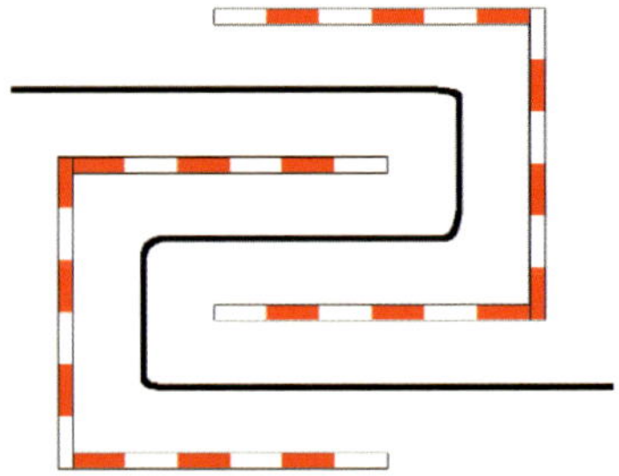

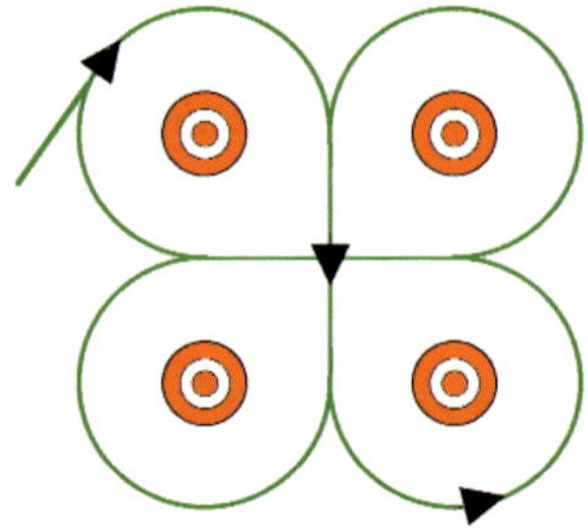

Schwierigkeit daran sind die fließenden Übergänge zwischen vorwärts, seitwärts und rückwärts und bei der Variante über der Stange, einmal innerhalb der Stangenbegrenzung zu bleiben und andererseits über der Stange seitwärts zu gehen.

Varianten:

Seitwärts über den U-Schenkel, rückwärts mit den Vorderbeinen über die Stange, seitwärts in der Gasse wieder heraus. Hinterhandwendung über den zweiten U-Schenkel, seitwärts über die Stange, vorwärts ins U, Vorhandwendung, rückwärts aus der Gasse hinaus.

Stangendreieck

Legen Sie drei Stangen im Dreieck, entweder so, dass die Enden aneinander stoßen oder anfangs bzw. für größere Pferde mit etwas Platz dazwischen.

Das Dreieck bietet mehrere verschiedene Überquerungsmöglichkeiten, ohne die Stangen jedes Mal umbauen zu müssen: gerade über eine Stange und dann über die Ecke oder in einer Volte über eine Ecke. Dabei hat man je nach Voltengröße automatisch verschiedene Stangenabstände.

Variationen:

- Kombinierte Hinterhand-, Vorhand- und Mittelhandwendung im Dreieck.
- Eine oder mehrere Stangen außen parallel zu einer oder mehreren Seiten des Dreiecks legen.
- Stangen in den Ecken übereinander legen.

Mini-Stangenquadrat

Das Miniquadrat wird aus vier Stangen mit ca. 1 m Länge gelegt. Es schult die Beinkoordination in ganz kleinen Schritten und ist mit seiner kleinen Innenfläche eine ideale Vorübung für das Podest.

Vorderbeine in das Miniquadrat, Vorhandwendung um 180 oder 360 Grad, Hinterbeine in das Miniquadrat, Hinderhandwendung. Kann das Pferd die Übung »Bergziege«, können Sie es mit allen vier Beinen gleichzeitig in das Quadrat stellen. Auch zum Lernen der Bergziege ist es gut geeignet.

Stangenmikado

Anfangs drei bis vier, später auch mehr Stangen liegen kreuz und quer auf- und nebeneinander. Für diese Übung sind die Schaumstoffbalken der Dualgasse wegen der geringeren Verletzungsgefahr besonders gut geeignet. Für Fortgeschrittene kann man einen Teil oder alle Stangen wechselseitig erhöht legen. Das natürlich alles im Schritt.

Neue Hindernisse und Übungen

Glücksklee

(Zeichnung oben)

Die Mittelpunkte für den Glücksklee bestehen aus vier Pylonen oder Autoreifen, die als Quadrat mit ca. 3 m Abstand gelegt werden. Die Linien, die das Pferd um die vier Punkte geht, ergeben das Glückskleeblatt.

Kleine Einführung in das Rückwärtsrichten

Eine Stangengasse oder die Bande als seitliche Begrenzung machen es dem Pferd am Anfang leichter, geradeaus rückwärts zu gehen. Stellen Sie sich mit dem Gesicht zum Pferd, so dass das Pferd und Sie sich gegenüberstehen. Achten Sie darauf, dass der Hals des Pferdes gerade bleibt. Um eine gymnastizierende Wirkung zu erreichen, soll das Pferd bei dieser Übung den Rücken aufwölben und ruhig, aber flüssig diagonal rückwärtstreten. Dazu lassen Sie das Pferd den Kopf bis etwa auf Höhe des Buggelenks senken.

Stellen Sie sich betont aufrecht vor das Pferd und bauen Sie ein Konzentrationsband auf. Dann geben Sie das Stimmkommando »zurück«, gleichzeitig einen Rückwärtsimpuls am Führseil und einen Tipp mit der Gertenspitze auf die Brust oder das Buggelenk. Steht das Pferd vorne offen, tippen Sie auf die Seite, auf der das Bein weiter vorne steht. Reagiert das Pferd nicht gleich, geben Sie rhythmisch weitere Impulse am Führseil und Gertentipps auf Brust oder Buggelenk, solange bis es eine Bewegung macht. Bei dickfelligen Exemplaren kann man auch mit dem Gertenknauf tippen. Bei jeder Reaktion des Pferdes, auch wenn sie noch so klein ist, sofort den Druck wegnehmen und loben!
Fragen Sie anfangs nur einzelne Schritte ab. Mit zunehmender Übung soll das Pferd flüssig mehrere Meter rückwärts treten.

Rückwärts auf gebogenen Linien

Erst wenn das Pferd flüssig mehrere Schritte geradeaus rückwärtsgehen kann, kommen gebogene Linien und Wendungen dazu. Das innere Hinterbein muss dabei mehr Gewicht aufnehmen als das äußere und wird stärker trainiert. Wichtig ist, dass das Pferd dabei gebogen ist und sich nicht wie ein Brett um die Kurve schummelt. Auch auf gebogenen Linien fördert Rückwärtsrichten den aufgewölbten Rücken und baut die Bauchmuskulatur auf.

*Die bequemste Position für ein Pferd ist es, mit gerader Wirbelsäule zu stehen und zu gehen. Allein über die Stellung des Pferdekopfes kann man eine sehr gute Kontrolle der Hinterhand erreichen. Wenden Sie **in der Bewegung** den Kopf leicht auf die Seite, wo die Hinterhand nicht hin soll. Stellt man den Pferdekopf also nach rechts, weicht die Hinterhand nach links aus.*

Ich nehme dieses Hindernis gerne relativ am Anfang einer Übungseinheit, da es Ruhe und Konzentration fördert. Das Pferd sollte vorher ein paar Minuten warmgelaufen sein, da das Kleeblatt sehr viel Biegung verlangt.
Aufgeregte Pferde lassen sich mit einigen Glückskleebögen in betont ruhigem Tempo meistens sehr gut sammeln und zum konzentrierten Mitarbeiten bringen. Sehr aufgeregte Pferde sollten nicht über Hindernisse gearbeitet werden, in denen sie stolpern oder hängenbleiben können, wie z. B. das Stangenmikado oder ein Autoreifenparcours.

Für Fortgeschrittene können die Abstände zwischen den Pylonen enger gelegt werden. Testen Sie, wie eng Ihr Pferd noch gebogen durchgehen kann, ohne dabei mit der Hinterhand auszuweichen. Zur Abwechslung können Sie natürlich in den Kurven auch die Vorhand oder die Hinterhand kreuzen lassen.
Sind Ihr Pferd und Sie dressurmässig schon etwas weiter ausgebildet, können Sie bei der Handarbeit mit Trense oder Kappzaum das Kleeblatt in zwei Achten abwechselnd im Schulterherein und Travers durchlaufen.

Glücksklee rückwärts

Das Pferd sollte rückwärtsgehen im Slalom schon kennen. Fordern Sie anfangs nur eine Acht, da diese Aufgabe sehr anstrengend ist.

Slalom rückwärts um Pylonen mit seitlicher Stangenbegrenzung

Material

2–4 Pylonen, 2 Stangen oder Dualgassen-Balken

Um dieses Hindernis ohne Anschlagen zu passieren, muss das Pferd sehr konzentriert jedes einzelne Bein ganz exakt Schritt für Schritt rückwärts setzen.

Jeder zu große Tritt und jeder kleine Schwenker nach außen gibt schon einen Fehler.

Stimmen Sie das Pferd auf die Aufgabe ein mit Rückwärtsrichten in einer Gasse oder in einem Stangen-L. Klappt das flüssig und das Pferd bleibt entspannt, starten Sie mit dem Slalom um zwei Pylonen mit 3 m Abstand, zuerst noch ohne Stangenbegrenzung. Später können Sie den Abstand zwischen den Pylonen auf 2 m verkleinern. Legen Sie die Begrenzungsstangen anfangs mindestens 2 m auseinander. Möchten Sie sich später dem Thema »Präzision« widmen, probieren Sie 1,5 m Stangenabstand oder noch weniger aus.

Fädeln Sie das Pferd wie von der Stangengasse gewohnt gerade zwischen Pylone und Außenstange ein und stellen dann behutsam Kopf und Hals jeweils zur passenden Seite.

Rückwärts-Varianten

Gemeinsam statt einsam

Statt dem Pferd gegenüber zu stehen und es von sich weg rückwärts zu schicken, stellen Sie sich wie beim vorwärts Führen parallel zum Pferd in Schulterhöhe. Beugen Sie sich leicht nach vorne und »wölben Sie den Rücken auf«, wie es das Pferd beim Rückwärts auch tun soll. Das Pferd soll jetzt gleich-

zeitig mit Ihnen rückwärts treten. Gehen Sie mit übertrieben gesetzten Schritten los, geben Sie gleichzeitig das gewohnte Stimmkommando und tippen mit dem Gertenknauf gegen die Pferdebrust. Klappt es nicht auf Anhieb, können Sie noch leichte Rückwärtsimpulse am Führstrick geben. Macht das Pferd den Ansatz eines Rückwärtsschrittes, sofort Stimmlob und Leckerli geben.

Rückwärts bergauf

Eine gute Übung für die Muskulatur rund ums Knie und im Rücken ist flüssiges Rückwärtstreten leicht bergauf. Diese Übung ist anstrengend, beginnen Sie deshalb mit wenigen Tritten und viel Lob. Mit der Zeit können Sie bis auf 10 m am Stück rückwärts steigern und nach jeweils einer Vorwärts-Pause mehrere Wiederholungen einlegen.

Rückwärts über eine Stange

Für die meisten Pferde anfangs eine sehr schwierige Übung, die sie lehrt, mit den Hinterhufen vorsichtig nach hinten zu fühlen. Die Stange sollte gegen Wegrollen gesichert sein.

Schritte verlängern und verkürzen

Variieren Sie im flüssigen Rückwärtstreten sowohl Schrittlänge als auch Geschwindigkeit, das lehrt das Pferd eine bessere Körperkontrolle und Konzentration.

Schaukel

Stellen Sie sich gegenüber des Pferdes auf und lassen Sie es zwei Schritte rückwärts treten. Dann drehen Sie sich in Vorwärtsrichtung und gehen mit dem Pferd zusammen zwei Schritte vor, halten, dann wieder zwei Schritte zurück. Loben und zur Entspannung eine halbe Runde vorwärts. Dann wieder zwei Schritte zurück und zwei Schritte vor. Suchen Sie sich ein Stimmkommando, zum Beispiel »Schau...« (zurück) »...kel« (vor). Wenn das gut klappt, können Sie in Vorwärtsrichtung stehenbleiben und gemeinsam mit dem Pferd vor- und zurück schaukeln.

Schwebebalken

Der »Schwebebalken« für Pferde ist ein langer schmaler Streifen, über den das Pferd ohne herunterzutreten balancieren soll. Dafür eignen sich zum Beispiel hölzerne Betonschaltafeln, massive Holzbohlen, Teppichbodenstücke oder Isomatten.

Extralanger Schwebebalken

Zwei Schaltafeln werden mit den Schmalseiten hin-

Der Trichter öffnet sich einladend, die Gasse begrenzt seitlich: So kann der erste »Schwebebalken« aussehen.

tereinander gelegt oder eine Schaltafel leicht überlappend auf eine Isomatte.

Hochgestellter Schwebebalken

Für leichtere Pferde kann man eine Schaltafel so auf drei Autoreifen legen, dass die Reifen ein Stückchen überstehen, damit das Brett nicht kippt, wenn das Pferd auf dem Rand steht. Die sicherere Variante ist, ca. 4 cm dicke Holzbohlen auf massive Holzwürfel aufzuschrauben.

Doppelter Schwebebalken

(Bild Seite 17 ganz oben)

Pferd und Mensch balancieren gemeinsam über zwei nebeneinanderstehende Schwebebalken. Als Schwebebalken für den Menschen eignen sich Cavaletti oder ein eckiger Balken, der auf zwei Bierkisten gelegt wird. Alternativ können Sie auch eine Reihe aus stabilen umgedrehten Eimern aufbauen.

Rangieren Sie zuerst das Pferd auf seinem Schwebebalken ein und lassen es dort ruhig stehen, dann steigen Sie auf den Anfang Ihres Schwebebalkens. Jetzt beginnen Sie, über die Stange zu balancieren. Das Pferd sollte Schritt für Schritt mitkommen und sich notfalls als Stütze seines wackeligen Menschen nutzen lassen. Achten Sie darauf, den Kopf des Pferdes nicht zu Ihnen herzuziehen, sonst fällt das Pferd mit den Hinterbeinen herunter!

Fortgeschrittene Version

Sie stellen sich auf Ihren Schwebebalken und fordern Ihr Pferd erst dann am langen Strick auf, auf seinen Schwebebalken zu klettern. Am anderen Ende angekommen, lassen Sie das Pferd eine Vorhandwendung machen und beide balancieren zum Ausgangspunkt zurück.

Bergziege

Bei der Übung »Bergziege« soll das Pferd seine Hinterbeine Schrittchen für Schrittchen weiter nach vorne in Richtung Vorderbeine setzen. Echte Könner kommen mit den Vorder- und Hinterhufen fast zusammen!

Bei der Bergziege sollte das Pferd seinen Hals und Kopf tief halten. Dabei dehnt es besonders die gesamte Rückenmuskulatur vom Genick bis zu den Hinterbeinen. Um das zu erreichen, kann man das Pferd in der eng gestellten Position den Kopf auf

Kommando senken lassen, falls es die Übung kennt und/oder ein Leckerli von vorne-unten geben.
Das Pferd sollte vorher ein mindestens paar Minuten Schritt gegangen sein, damit es aufgewärmt ist. Verlangen Sie anfangs nicht zuviel, damit die kleinen Bänder zwischen den Wirbeln nicht überdehnt werden!
Ideal zum Üben ist eine vordere Begrenzung etwa in Bughöhe, das Pferd sollte noch darüberschauen können. Am besten suchen Sie noch einen Helfer, der vorne am Kopf steht und das Pferd am Vortreten hindert. Sonst zumindest eine Stange als optische Begrenzung vorne und parallel an der Hinterhand eine weitere Stange hinlegen. Wenn das Pferd die

Beinkontrolle

Die Beinkontrolle ist eine nützliche Übung für viele Zwecke.

Verladen, Bergziege, Podest und viele Stangenhindernisse – wie praktisch, wenn das Pferd gelernt hat, seine Beine einzeln Schritt für Schritt vorwärts zu bewegen.

Streichen Sie das Pferd mit der Gerte am ganzen Körper ab und klopfen Sie mit der Gertenspitze auf die Hinterhufe, um sein Körpergefühl zu verbessern. Lehren Sie das Pferd, auf Antippen mit der Gerte am Röhrbein das betreffende Bein weiter nach vorne zu setzen. Anfangs wird jede Andeutung von Beinheben mit Lobwort und Leckerli belohnt, dann jeder Hufbreit vorwärts usw., bis man die Beine gezielt einzeln vorwärts dirigieren kann.

Versteht das Pferd nicht, dass es das Bein weiter vorne aufsetzen soll, können Sie den Huf mit der Hand ein kleines Stückchen weiter vorne abstellen. Hilfreich dabei ist, wenn das Pferd das Kommando »ab« für Hufabstellen kennt. Ansonsten können Sie es leicht an der Hüfte zur Seite des hochgehaltenen Beins schubsen, damit es das Bein belastet.

Beine enger stellt, die Stangen näher zusammenrücken, um dem Pferd eine visuelle Hilfestellung zu geben! (Bild oben)
Das Pferd sollte bereits gelernt haben (oder jetzt lernen), auf Antippen am Röhrbein (oder für das Vorsetzen der Hinterbeine alternativ auf der Kruppe

auf der Seite des gewünschten Beines) jedes Bein einzeln vorzusetzen.
Tippen Sie immer das gerade weiter hinten stehende Hinterbein an, bis das Pferd es anhebt und vorsetzt (Kommando »Vor«). Dann gibt es Stimmlob und Leckerli. So tasten Sie und Ihr Pferd sich Schrittchen für Schrittchen an die Bergziege heran.

Podest

Die meisten Pferde steigen mit Begeisterung auf das Podest, wenn sie die Übung erst gelernt haben. Größer sein und den Überblick haben ist für das immer aufmerksame Fluchttier Pferd natürlich eine tolle Sache.

Wo bekomme ich ein Podest her?

Podeste kann man leider nicht im Reiterladen kaufen. Im Internet wird man eher fündig, zum Beispiel bei *http://schnuckenhofsteindl.de* gibt es stabile Holzpodeste. *http://www.showpferd.de* bietet Podeste aus Aluminium mit rutschfestem Gummibelag an. Mein Podest aus mehrfach verleimtem Sperrholz stammt von einem ebay-Verkäufer. *http://stores.ebay.de/CHB-IMPORT-UND-VERKAUF/Magic-Horses.*
Podeste in Form eines Pyramidenstumpfes sind viel standfester als Würfel, da die Grundfläche größer ist als die Fläche, auf der das Pferd steht.

Podest selbst bauen

Einfach und schnell gebaut ist ein niedriges Einsteigerpodest für leichtere Pferde aus vier Vierkanthölzern (10 x 10 cm, 70 cm lang). Diese mit 10 cm Abstand nebeneinander legen und quer darüber zwei Lagen stabile Bretter jeweils quer zur untersten Schicht mit Holzschrauben befestigen. Alle Kanten und Ecken noch mit Sandpapier glätten, und schon hat man ein 70 x 70 cm großes und vor allem leichtes Podest mit guter Stabilität.
Ein Podest kann auch einfach eine große, gerade abgesägte Baumscheibe sein (Durchmesser mindestens 50 cm, nicht über 30 cm hoch, sonst ist die Kippgefahr zu groß), die man zum Beispiel bei Forstarbeiten bekommen kann.
Eine weitere günstige Möglichkeit ist eine mit Brettern oder einer OSB-Platte verstärkte, in der Mitte durchgesägte Europalette (ca. 60 x 80 cm). Soll es etwas größer sein, lassen Sie die Palette ganz. Für mehr Höhe zwei bis drei Paletten übereinander verschrauben oder eine Palette auf Autoreifen anschrauben. Bei schwereren Pferden noch 4–6 cm dicke Bohlen als Trittfläche auf der obersten Palette mit Schrauben befestigen.
Vorsicht bei Holzoberflächen: Holz wird bei Nässe sehr rutschig! Steht das Podest draußen, sollten Sie nur bei Trockenheit üben oder einen robusten Teppichboden, Rasenteppich oder eine Gummigranulat-Bautenschutzmatte als Rutschschutz flächig aufkleben und an den Rändern mit großen Unterlegscheiben verschrauben.
Der Nachteil der Paletten- und Baumscheibenpodeste ist, dass sie wegen der nötigen Stabilität sehr schwer und damit schlecht zu transportieren oder bei schlechtem Wetter unter Dach zu bringen sind.

Vorübungen für das Podest

Gewöhnen Sie das Pferd an das Betreten von hohl klingendem Untergrund wie Holzbohlen oder Brücken.
Schwebebalken: (siehe weiter vorne) Mit dieser Übung lernt das Pferd, die Beine gezielt auf eine kleine Fläche zu stellen und einzeln auf Antippen in Minischritten vorwärts, rückwärts und seitwärts zu bewegen.
Mini-Stangenquadrat (60–100 cm): Legen Sie vier kurze Stangenabschnitte zum Quadrat und lassen Sie das Pferd die Vorderbeine hineinstellen.

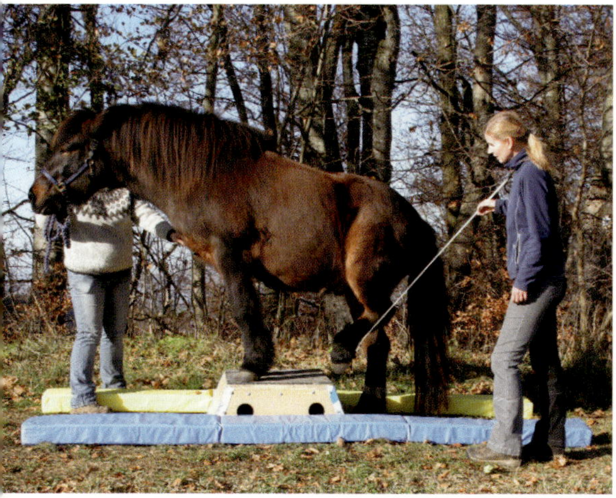

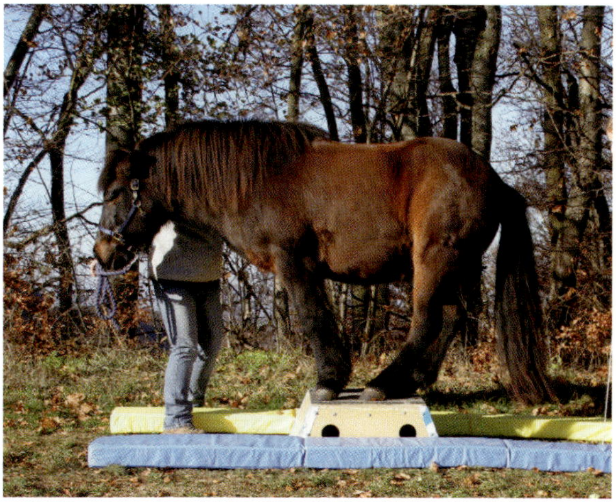

Bewegen Sie es innerhalb des Quadrates in winzigen Schritten von der Mitte zum Rand in alle Richtungen. Das Pferd soll lernen, seine Beine koordiniert an die gewünschte Stelle zu setzen. Bleiben Sie mit etwas Abstand gegenüber dem Pferd stehen, um es rechtzeitig am Verlassen des Quadrates zu hindern. Weitere sinnvolle Vorübungen sind Vorhandwendung mit den Vorderbeinen im Quadrat, Hinterhandwendung mit den Hinterbeinen im Quadrat und Bergziege im Quadrat.

Vorderbeine auf das Podest

Als seitliche Hinleitung zum Podest eignen sich zwei Helfer, Fänge oder eine Gasse aus Schaumstoffbalken. Wie immer bei neuen Hindernissen lassen Sie das Pferd direkt davor halten und schnuppern. Nachdem das Pferd aus den vorangegangen Lektionen bereits gelernt hat, einen bestimmten Fuß zu heben, wenn das Bein angetippt wird, stellen Sie sich auf die andere Seite des Podestes und fordern das Pferd auf, einen Schritt zu machen. Hebt es das Bein und testet den Untergrund auf dem Podest mit dem Huf, gibt es Lob und Ermunterung! Stellt es den Huf auf dem Podest ab, sofort Lob und Leckerli! Ist das Pferd eher unsicher, wiederholen Sie diesen Teilschritt mehrfach, bevor Sie dann das andere Vorderbein touchieren.

Stellt es beide Beine einzeln auf Anforderung auf dem Podest ab, ist der Moment für den nächsten Schritt gekommen, beide Beine hintereinander auf das Podest zu »tippen«. Klappt das, sofort begeistertes Stimmlob und Leckerli von vorne-unten! Bevor es dem Pferd unheimlich wird, es irgendwie seitlich herunterhüpft und sich am Ende noch verletzt, geben Sie einen vorsichtigen Rückwärtsimpuls (an die Brust tippen) und lassen es vorsichtig und langsam rückwärts absteigen.

Ist Ihr Ziel die Bergziege auf dem Podest, sollten Sie das Pferd daran gewöhnen, nur rückwärts abzusteigen, sonst müssen Sie beim Touchieren der Hinterbeine ständig wie ein Schießhund aufpassen, dass es nicht einfach nach vorne weiterläuft.

Bergziege auf dem Podest

Das Pferd sollte die Bergziege am Boden schon sicher beherrschen, balanciert und angstfrei mit den Vorderbeinen auf dem Podest stehen und sich in kleinen Schritten bewegen lassen, bevor man sich

Manchen Pferden fällt es leichter, wenn Sie den Huf mit der Hand auf das Podest setzen.

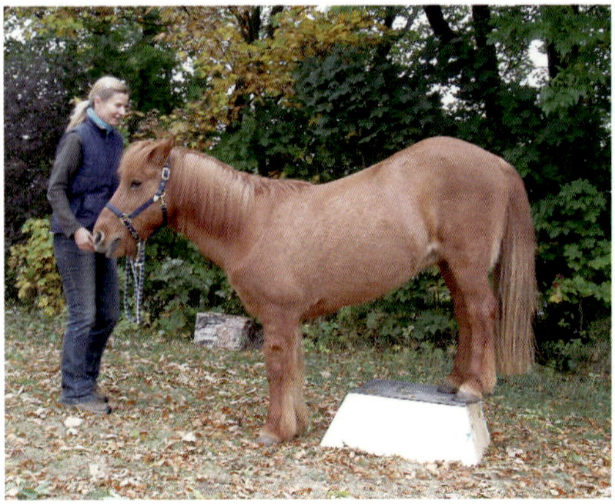

an die Bergziege auf dem Podest wagt. Lassen Sie das Pferd mit den Vorderbeinen auf das Podest steigen und dann in kleinen Schritten möglichst weit zum vorderen Rand gehen, damit hinten genug Platz für die Hinterbeine bleibt. Stellen Sie sich dabei wieder vor das Pferd, um den Abstieg nach vorne zu versperren.

Am leichtesten geht es, wenn ein Helfer das Pferd vorne hält und Sie touchieren jeweils das weiter hinten stehende Hinterbein vor, bis beide Hinterbeine direkt hinter dem Podest stehen. Jetzt gehen Sie vor wie schon bei den Vorderbeinen: beide Hinterbeine jeweils einzeln auf Antippen auf das Podest setzen lassen. Klappt das problemlos, tippen Sie bei hochgestelltem Hinterbein auf das noch untenstehende Bein. Machen Sie dem Pferd sehr deutlich klar, dass es dabei nicht vorne wieder herunter darf (»Haaalt«). Ist die Podestfläche relativ klein, werden Sie höchstwahrscheinlich eine gute Portion Geduld und mehrere Übungseinheiten brauchen, bis das Pferd zum ersten Mal ganz kurz mit allen vier Hufen auf dem Podest steht. Jetzt ist es besonders wichtig, sofort Lob und Leckerli zu geben, da es wahrscheinlich das letzte Bein sehr schnell wieder herunternimmt.

Üben Sie nicht zu lange, vier Beine sortieren auf so engem Raum ist extrem anstrengend! Abgestiegen wird stets vorsichtig und langsam nach hinten (rückwärts), um Verletzungen zu vermeiden (»zuurück«, »laaangsam«)!

Hinterbeine auf dem Podest

Ist es sinnvoll, das Pferd auch mit dem Hinterbeinen alleine auf dem Podest stehen zu lassen? Je höher das Podest ist, desto mehr wird seine Wirbelsäule dabei in die unerwünschte Richtung nach unten durchgebogen. Entscheiden Sie sich dafür, sollten Sie die Übung nur kurz halten oder das Pferd den Kopf senken lassen bzw. von vorne-unten füttern, damit es den Rücken etwas anhebt.

Um die Hinterbeine auf das Podest zu bekommen, lassen Sie das Pferd langsam darüberlaufen und anhalten, wenn die Hinterbeine noch oben stehen. Ich empfehle nicht, die Übung aus der Bergziege heraus zu entwickeln, da der Abstieg nach vorne bequemer ist und das Pferd das vermutlich in Zukunft immer wieder versuchen wird.

Winken oder spanischer Gruß auf dem Podest

Das Pferd steht mit einem Vorderbein auf dem Podest und »winkt« mit dem anderen. Voraussetzung: Das Pferd hat gelernt, das Vorderbein auf antippen nach vorne-oben zu bewegen.

Wendungen

Die Vorderbeine drehen sich auf dem Podest mit, während die Hinterbeine um das Podest herum eine Vorhandwendung machen.
Auf größeren Podesten können Sie auch eine Mittelhandwendung in ganz winzigen Schrittchen mit allen vier Hufen auf dem Podest versuchen.

Variante

Zwei Pferde stehen mit den Vorderbeinen nebeneinander oder gegenüber auf dem Podest.

Der Ring

Die klassische Nummer bei Zirkuslöwen und im Hundesport macht auch Pferden großen Spaß: durch einen Ring springen.

Material

Ein weicher Ring mit wenig Verletzungsgefahr lässt sich aus Dualgassen-Balken oder Poolnudeln leicht selbst basteln. Poolnudeln lassen sich gut mit dünnen Paketschnüren oder Heukordeln zusammenbinden. Damit die Verbindung zwischen zwei Nudeln stabil bleibt, müssen sie an zwei Stellen zusammengebunden werden. Zum Aufstellen des Rings eignen sich Sprungständer oder Elektrozaunpfosten, falls Sie auf der Wiese üben, davon wegen der Stabilität mindestens zwei pro Seite.
Der Ring kombiniert ein Hindernis zum Darübersteigen oder in höherem Tempo Darüberspringen und ein Tor zum Darunterdurchgehen. Als Vorübung teilt man deshalb zuerst die Aufgabe in diese beiden Teile.

Tor

Am schnellsten und ungefährlichsten lässt sich das Tor mit zwei Helfern üben. Man braucht einen Dualgassen-Balken oder, je nach Pferdegröße, zwei oder drei zusammengebundene Poolnudeln. Die Helfer stellen sich einander gegenüber auf und halten den zum Tor gebogenen Balken. Anfangs sollte der Torbogen deutlich höher als der Kopf des Pferdes sein. Führen Sie Ihr Pferd zum Torbogen, halten Sie direkt davor an und lassen es daran riechen, wenn es möchte. Wenn nicht, gehen Sie vor dem Pferd durch und lassen es folgen. Das klappt bei den meisten Pferden recht schnell. Bei den nächsten Durch-

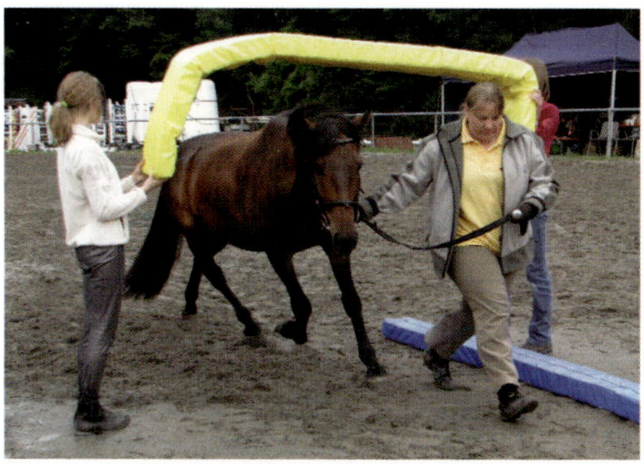

Wie gut, dass das Hindernis wegen des weichen Materials nicht verletzungsgefährdend ist.

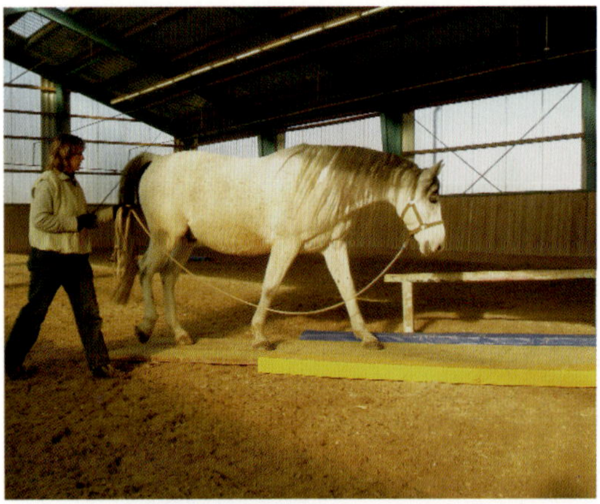

gängen wird der Torbogen immer niedriger, solange bis er gerade noch ein kleines Stückchen über der Widerristhöhe endet. Das Pferd muss nun den Kopf senken, um darunter durchgehen zu können. Jetzt probieren Sie, das Tor im Trab zu durchqueren. Als nächstes soll das Pferd frei durch das Tor durchgehen und sich dahinter wieder einsammeln lassen.

Nun üben Sie den Sprung über ein kleines Hindernis, zuerst an der Hand und später frei auf Handzeichen. Wichtig ist, dass sie beim Führen und Schicken deutlich hinter dem Pferdeauge bleiben, um das Pferd nicht auszubremsen.
Klappen diese Übungen einzeln, können Sie den Ring aufbauen, zunächst direkt auf dem Boden zum Darübersteigen.
Später kann der Ring dann höher werden und aus dem Trab oder Galopp gesprungen werden (möglichst Sprung unterbauen, da das Pferd ihn dann besser abschätzen kann). Schwer zu taxieren ist ein frei schwebender Ring. Am besten geht der Sprung bei der Freiarbeit (siehe Kapitel 6), dann gibt es kein Kuddelmuddel mit dem Führseil.

Pferd voraus!

Bei dieser Führposition geht der Mensch auf Höhe der Kruppe oder ganz hinter dem Pferd. Viele eher unsichere Pferde sind zuerst nicht begeistert, als »Köder für die Raubtiere« vorausgeschickt zu werden. Steigern Sie langsam am langen Führseil, von immer weiter hinten zu treiben.

Vorübung für

Verladen
Horse Agility
Engpass beim Führen von zwei Pferden
Handpferdereiten
Longieren
Fahren vom Boden aus mit zwei langen Leinen

2

Übungen mit Schwerpunkt Schrecktraining

2. Übungen mit Schwerpunkt Schrecktraining

Ein paar offene Worte zum Schrecktraining

Jeder Pferdemensch weiß aus eigener Erfahrung, dass Pferde als potenzielle Beutetiere bei verdächtigen Situationen ihr Heil lieber in der Flucht suchen. Für den Menschen, der an dem durchstartenden Pferd hängt, kein Spaß und oft sogar brandgefährlich.

Natürlich ist es sinnvoll, sein Pferd mit den Zielen Gewöhnung und Desensibilisierung beim Schrecktraining mit allerlei möglichen potenziellen Gefahren zu konfrontieren. Im täglichen Pferdeleben, im Gelände und auf Wettbewerben werden trotzdem immer wieder neue Überraschungen und Herausforderungen auftauchen und manchmal zu Problemen führen. Der sowieso schon gruselige Holzstapel am Waldrand ist auf einmal mit einer flatternden Plane abgedeckt, die Zuschauer beim Kurs spannen Regenschirme auf und plötzlich kommt ein Fahrradfahrer um die Ecke geschossen ...

Schreckhaften Pferden fehlt oft das Urvertrauen in den Menschen und generell ins Leben. Sie verlassen sich deshalb nur auf sich selbst und auf ihr eigenes Urteilsvermögen. Gutes Anti-Schreck-Training heißt daher nicht, das Pferd seelenlos an irgendwelchen Gruseldingen vorbeizuzerren! Gerade das gemeinsame Bewältigen dieser Aufgaben gibt dem Menschen die Chance, seine Rolle als vertrauenerweckendes »Leitpferd« zu festigen. Werden Sie also lieber zur Vertrauensperson für Ihr Pferd, bevor Sie sich die 17. Plane in einer neuen Farbe besorgen.

Die zwei Säulen des Schrecktrainings

Vertrauensbildung in den Menschen

Der Chef einer Pferdeherde wacht über die Sicherheit und entscheidet, wann es Zeit zur Flucht ist. Hält er eine Störung für harmlos und flüchtet nicht, bleibt der Rest der Herde auch in der Nähe. Mensch und Pferd bilden quasi eine »Miniherde« – idealerweise mit dem Menschen als verantwortlichem Chef und dem Pferd als vertrauensvollem »Mitarbeiter«.

Überdenken Sie Ihr eigenes Verhalten: Wie gehen Sie damit um, wenn Ihr Pferd erschrickt? Haben Sie vielleicht selbst Angst (vor der Reaktion des Pferdes)? Verspannen Sie sich und denken, »Gleich wird er sich wieder erschrecken!«? All das nehmen unsere Pferde sehr schnell wahr und sobald wir unsicher sind, geben wir auch unserem Pferd das Gefühl, hier stimmt irgendwas nicht. Folglich hat es allen Grund, nervös zu werden und sich zu erschrekken.

Gewöhnung an Außenreize

Die systematische Desensibilisierung: Ein angstauslösender Reiz wird in einer milden, gerade noch erträglichen Form öfter wiederholt und langsam gesteigert. In der menschlichen Verhaltenstherapie lernt der Patient vorher Entspannungstechniken. Sie können auch Ihrem Pferd helfen, sich in brenzligen Situationen zu entspannen: Das Pferd als Fluchttier wirft bei vermuteter Gefahr den Kopf hoch, um besser zu sehen, was eine Alarmierung des gesamten Nervensystems zur Folge hat und das Pferd durch Ausschüttung verschiedener Hormone zur raschen Reaktionen befähigt. Ein gesenkter Kopf wie beim Fressen oder Dösen bedeutet eine entspannte Haltung, der Fluchtinstinkt wird überwunden.

Um das Pferd den Kopf senken zu lassen, konditionieren Sie es, Ihrer Hand nach unten zu folgen, evtl. zusätzlich mit einem Stimmkommando (»Nase tiief«).

Die Gewöhnung eines Organismus, egal ob Mensch oder Tier, an sich wiederholende Außenreize ist individuell sehr verschieden: Manche übersehen nach einer Weile die »Gefahrensignale«, weil sie sich daran gewöhnt haben. Andere gewöhnen sich auch nach langer Übung mit ständig wiederkehrenden gleichen Reizen niemals daran. Die Anpassungsfähigkeit, auf bestimmte Reize nach einiger Zeit nicht mehr zu reagieren, nennt sich Adaption. Wer sich zu schnell und zu sehr an Außenreize gewöhnt, lebt unter Umständen gefährlich, zum Beispiel im Straßenverkehr. Individuen, die sich nur langsam oder gar nicht daran gewöhnen, neigen durch ein zu hohes Erregungsniveau und zu geringe Adaptionsfähigkeit zu höherer Angstbereitschaft.

Trotz Training schreckhaft – gesundheitliche Gründe?
Haben Sie in letzter Zeit ein Blutbild erstellen lassen? Extreme Schreckhaftigkeit kann zum Beispiel auch ein Zeichen für Magnesiummangel oder Sehprobleme sein.

Neue Hindernisse und Übungen für das Schrecktraining

In Band 1 habe ich eine ganze Reihe bewährter Übungen und Hindernisse beschrieben. Lassen Sie Ihrer Kreativität freien Lauf: Neues »Spielzeug« findet sich überall – der alte Campingteppich vom Dachboden, der Kinderschlitten vom Grobmüll, das Regenfass aus Opas Keller ...

Gasse des Grauens

(Bild rechts)
Material für die Gasse
Blechfässer, Kunststofftonnen, Bottiche
Sitzbälle
Plane
Rettungsfolie
Luftballons
Pylonen
Kartons
und alles sonst, was bunt und lustig ist

Material für den Boden
Plastikplane
Isomatte
Teppichstück
großer flacher Karton ohne Metallklammern
Schaltafeln oder Holzbrücke
Campingteppich
Gummimatten aus dem Auto

Vor den Augen des Pferdes entsteht nach und nach die gesamte Gasse: Zwei Fässer werden aufgebaut, das Pferd wird durchgeführt. Hat es keine Angst (mehr), kommen weitere Fässer dazu, das Pferd wird durchgeführt, ein Ball kommt dazu usw.

Der lebende Holzstapel

In Zeiten horrender Ölpreise lauern sie an jeder Ecke: große Brennholzstapel, oft mit lustig im Wind flatternden Planen abgedeckt. Um die bösen Holzstapelgeister zu bannen, lohnt sich ein Desensibilisierungstraining:

Material
große reißfeste Plane
ein oder zwei freundliche menschliche Helfer

Das Pferd sollte die Plane auf dem Boden schon kennen und angstfrei überqueren. Jetzt steht der Mensch aufrecht mit Plane in der Hand. Anfangs nicht bewegen und nicht rascheln! Das Pferd wird ruhig vorbeigeführt und darf gucken und schnuppern. Die nächsten Schritte sind: Mensch geht in die Hocke (kauerndes sprungbereites Raubtier!) mit der Plane in der Hand, gebückter Mensch deckt sich mit der Plane zu, Mensch bewegt sich und raschelt mit der Plane.

Variation
Pferd unter der Plane verstecken

Raschelfahne

Material
Besenstiel mit angeklebtem Stoffstück
Gerte mit einem Stück angeklebter Plastikfolie

Beginnen Sie mit der zusammengerollten Fahne. Zeigen Sie dem Pferd die Fahne und streichen Sie es

vorsichtig damit auf beiden Seiten an der Schulter, am Hals und – wenn es das ohne Stress duldet – am ganzen Körper ab.
Entfernen Sie sich ein Stück vom Pferd und rollen die Fahne langsam ab, am besten an einem windstillen Tag oder in der Reithalle, damit sie nicht gleich losflattert. Nun gehen Sie in ein paar Metern Entfernung mit der Fahne um das Pferd herum und lassen sie immer mehr flattern. Machen Sie zwischendurch immer wieder eine Flatterpause, damit das Pferd nachdenken kann, und berühren Sie es mit der Fahne in ruhigen Bewegungen.

Lichtkegel

Ob der Tierarzt mit der Lampe ins Auge oder ins Maul schaut oder die vorgeschriebene Beleuchtung für den Nachtausritt – tanzende Lichtkegel sind eine echte Herausforderung für viele Pferde! Die Gewöhnung daran sollten Sie unbedingt angehen.

Meine Stute zog sich eine Hornhautverletzung am Auge zu, die wochenlang mehrmals täglich mit Salbe versorgt werden musste – auch nachts auf der Weide im Schein meiner Stirnlampe. Wie gut, dass die ganze Herde daran gewöhnt ist! Wenn die Pferde im Winter am Haus stehen, leuchte ich nämlich vor dem Schlafengehen mit einer Taschenlampe vom Fenster aus immer einmal rund um den Paddock zur Kontrolle.

Material

Taschenlampe, Stirnlampe, rotes Blinklicht etc.

Feuer

Material

Laterne
Fackel
Wunderkerzen
Grillstelle/Lagerfeuer

Zum stimmungsvollen Vollmondritt (oder -spaziergang) gehören natürlich auch Fackeln, und sollten Sie mit Ihrem Pferd als Sankt Martin unterwegs sein, begegnen Ihnen viele Kinder hautnah mit Laternen. Das kann zum Problem werden, denn Pferde haben naturgemäß Angst vor Feuer.
Zur Feuergewöhnung stellen Sie eine Fackel gut befestigt auf oder machen Sie ein kleines Lagerfeuer an einer gut zugänglichen Grillstelle. Für Laternen und Wunderkerzen brauchen Sie einen Helfer, der die Laterne hält und langsam bewegt oder die Wunderkerze anzündet.
Wird das Pferd ohne Druck und in entspannter Atmosphäre in sicherer Entfernung immer wieder mit dem Feuer konfrontiert, verliert es mit der Zeit seine Angst.

Rückwärts durch den Flattervorhang

Material

Flattervorhang in allen möglichen Variationen:

- der Klassiker aus Baustellenband an eine Dachlatte oder ein Seil geknotet oder mit Heißkleber befestigt.

- leere Plastikflaschen und Tetrapacks an nicht zu reißfesten Schnüren, damit sie abreißen, falls eine Flasche am Halfter oder in der Mähne hängenbleibt.
- die extrem raschelnde Ausführung aus in Streifen geschnittener Rettungsfolie.

Durch die (Papier-)Wand

Die Wand wird aus dem Flattervorhang entwickelt. Die Streifen werden nach und nach immer breiter und unten befestigt, bis sich das Pferd durch eine Wand aus einem Stück durchzubrechen traut.

Geräusche, Knallen

Pferde reagieren sehr unterschiedlich auf Geräusche. Manche bleiben die Ruhe in Person, andere drehen schon beim leisen Brummen der Schermaschine durch.

Bei echter Panik hilft nur geduldige Desensibilisierung. Tragen Sie zum Beispiel beim Abmisten des Paddocks die laufende Schermaschine in der Jackentasche oder lassen Sie die Maschine in einigen Metern Entfernung liegen, während Sie das Pferd putzen. Ignorieren Sie Panikanzeichen und verlangen Sie, dass das Pferd stillsteht und sich auf Sie konzentriert. Bleiben Sie geduldig: Meine Islandstute brauchte einen ganzen Winter lang, bis sie sich an das Geräusch des Wasserkochers in der Nähe des Putzplatzes gewöhnt hatte.

Silvester und andere Schrecknisse

Es ist nicht nur für Silvester eine gute Idee, die Pferde an Knallgeräusche zu gewöhnen.

Dafür eignet sich zum Beispiel eine Spielzeugpistole, oder Sie nehmen die Silvester-Knallerei auf Video auf und spielen Sie auf dem Laptop ab.

Geräusch-CDs, die eigentlich für Hunde gedacht sind, erhalten Sie zum Beispiel bei:

http://www.silent-division.de/8_onlineshop_dont_be_afraid.htm
http://www.geraeusche-cd.com/

Vorsicht beim Üben: Erschreckt sich Ihr Pferd stärker als ein leichtes Zusammenzucken, bekommt es unter Umständen noch mehr Angst und der Schuss geht buchstäblich nach hinten los! Beginnen Sie mit leisen einzelnen Knallgeräuschen und steigern sie langsam unter genauer Beobachtung der Reaktionen Ihres Pferdes.

Variationen

Leere Tetrapacks und Plastikgetränkeflaschen in ein Stangenviereck legen als Knister-Knack-Parcours
Luftballongasse (Luftballons in Trauben mit Wollfäden an Stangen binden)
Dosengasse (leere Blechdosen seitlich stapeln)

Reitdummy für Jungpferde

Material

Ein ausgedienter Anorak gefüllt mit Verpackungsmaterial und Sand in Plastiktüten wird an den Ärmeln und unten zugenäht. Evtl. zusätzlich noch eine alte Hose für die Beine annähen. Alternativ ein riesiges Stofftier.

Möchten Sie Ihr Jungpferd schon mal gefahrlos an einen »Reiter« gewöhnen, ist so ein Dummy eine feine Sache. Der Dummy streichelt das Pferd am ganzen Körper und wird dann vorsichtig auf den Pferderücken gesetzt und gut festgehalten. Mit einem Helfer, der den Dummy hält, können Sie das Pferd ein Stück führen. Wird das Pferd sehr unruhig, nehmen Sie ihn langsam wieder herunter. Bitte nicht herunterfallen lassen, sonst erschreckt sich das Pferd und lässt so schnell niemanden mehr aufsitzen.

3

Hängertraining Schritt für Schritt

3. Hängertraining Schritt für Schritt

Wie Pferde entspannt reisen lernen

Früher waren sie Transportmittel – heute werden sie transportiert. Es gibt kaum ein Pferd, das nicht im Laufe seines Lebens verladen und im Hänger gefahren werden soll. Doch bei vielen Pferden stockt (oder endet!) die Reise schon an der Rampe. Frustrierend, wenn man voller Vorfreude zum Kurs fahren möchte und das Pferd im strömenden Regen stundenlang vor dem Hänger parkt. Tragisch, wenn das Pferd mit einer schlimmen Kolik sofort in die Klinik sollte und sich statt einzusteigen immer noch mehr aufregt.

Systematisches Hängertraining lange vor dem Ernstfall lohnt sich! Mit Ruhe und Geduld können Sie fast jedes Pferd zum Hängerprofi erziehen und dann endlich mehr Spaß und Abwechslung auf Kursen, Wettbewerben, Wanderritten und Pferdeurlauben erleben!

Verladetraining alleine ist nicht genug

Wie beim Schrecktraining ist auch beim Hängertraining die Beziehung zwischen Mensch und Pferd wichtig. Ich habe schon öfter erlebt, dass sich ein Pferd verladen ließ, solange ich dabei war, aber beim Besitzer alleine funktionierte es bei einigen nicht mehr. Seither beginnt für mich Verladetraining erst einmal mit Führtraining. Erst wenn die Pferdebesitzer das Handwerkszeug und das Gefühl dafür bekommen, funktioniert auch Verladen plötzlich gut. Ist die vermeintlich riesige Hürde Hängertraining überwunden und haben Pferd wie Besitzer gelernt, gemeinsam diese Aufgabe zu bestehen, verbessern sich oft auch andere »Beziehungsprobleme«.

Vorbereitung für den Menschen

Verbannen Sie sämtliche negativen Erfahrungen mit Verladen und Hängerfahren aus Ihrem Kopf und verknüpfen Sie stattdessen den Hänger mit positiven Bildern: Spaß, Abwechslung, Ausreiten in fremdem Gelände, zu Kursen fahren usw.

Bei meinen Verladetrainings fällt mir oft auf, dass fast alle Pferdemenschen mit keiner oder wenig Erfahrung im Hängerfahren riesigen Respekt vor allem haben, was mit dem Hänger zusammenhängt. Sie fühlen sich unsicher und gehen automatisch davon aus, dass der Hänger für ihr Pferd extremen Stress bedeutet.

Mein Tipp: Machen Sie sich zuerst selbst in Ruhe mit den Funktionen des Hängers vertraut: An- und Abkuppeln, Rampe auf- und zuklappen, Brust- und Heckriegel auf- und zumachen usw. Tauchen Sie auch ein paar Mal unter der Bruststange hindurch, um ein Gefühl für die Abmessungen zu bekommen und merken Sie sich, wo der Anbindering sitzt. Das gilt auch wieder, wenn Sie einen anderen Hänger als den gewohnten benutzen. Wie kann das Pferd entspannt darin stehenbleiben, während der Mensch hastig mit viel Klappern am Heckriegel herumfingert, weil er den Einhängemechanismus nicht versteht?

Voraussetzungen für das Pferd

Das Pferd sollte sich vorwärts und rückwärts sicher führen lassen und das Angebundensein kennen. Je besser es »gehändelt« ist und je besser die Pferd-Mensch-Beziehung ist, umso leichter geht es!

Nützliche Vorübungen zum Verladen

Hauptprobleme beim Hänger/Verladen:

- 1. Pferde sind keine Höhlentiere und bekommen Angst, weil sie im Hänger ihre Umgebung nicht sehen können.

■ 2. Pferde mögen keinen wackligen Untergrund, der auch noch hohl klingt und vielleicht einbrechen könnte.

■ 3. Das Pferd hat Koordinationsprobleme und hat Angst, sich auf dem engen Raum wehzutun oder Schwierigkeiten, auf der steilen Rampe Bein für Bein an den richtigen Platz zu setzen.

■ 4. Die Pferdebesitzer machen zuviel Druck oder haben selbst Angst und strahlen Unsicherheit aus.

■ 5. Das Pferd hat bei früheren Verladeaktionen bzw. Hängerfahrten schlechte Erfahrungen gemacht. Es gibt Pferde, die sich nicht an den Anhänger herantrauen, weil sie denken »Wenn ich mich dem Hänger nähere, bekomme ich Druck.« Dadurch hat das Pferd eine falsche Verknüpfung gebildet zwischen Anhänger + Verladen = Druck.

Mit diesen Übungen können Sie Ihr Pferd zuerst ohne Hänger an die einzelnen Herausforderungen beim Verladen gewöhnen:

Übung zu 1.: Engstellen

»Durch diese hohle Gasse muss er kommen ...« Gewöhnen Sie Ihr Pferd an Engstellen mit Gruselpotenzial, zum Beispiel mit der ***Gasse des Schreckens*** (siehe Kapitel 2) und der ***Planengasse***.

Baumaterial für Gassen

Gut geeignet für Gassen sind leere ***Plastikfässer***, die es in der Industrie oder im bekannten Internetauktionshaus oft günstig gebraucht gibt. Alternativ können Sie ***Stroh-Kleinballen*** so aufeinander stapeln, dass als breite Basis zwei Ballen nebeneinander liegen, die zweite Lage wieder zwei Ballen, dann ein Ballen in der Mitte. Höher oder mit nur einem Ballen als Basis würde ich nicht stapeln, da die Ballen sonst instabil werden. Eine Wand, die auf das Pferd kippt, hätte logischerweise genau den falschen Trainingseffekt!

Planengasse

Zwei Planen oder zwei große Decken
Vier Hindernisständer mit zwei Stangen
Alternativ: ausdauernde Helfer mit guter Armmuskulatur
Alternative für die Wiese: zwei Elektrozaunpfosten pro Seite (wegen der Stabilität) oder zwei Holzpfosten mit dazwischen gespanntem Seil

Beginnen Sie mit einer einzelnen Wand: Über die Stange oder das Seil wird eine Plane oder bei großen Angsthasen eine Decke gelegt und oben und unten so festgebunden, dass sie nicht zu sehr flattert oder gar herunterwehen kann. Beginnen Sie mit einer so niedrigen Planenwand, dass das Pferd noch darübergucken kann. Am flexibelsten ist es, wenn zwei Helfer die Plane hochhalten. So kann man ganz niedrig beginnen, die Plane ein Stückchen höher nehmen, wenn das Pferd entspannt bleibt und langsam absenken, falls es Angst bekommt.
Gehen Sie anfangs zwischen dem Pferd und der Planenwand, falls das Pferd von der Wand wegspringt. Nach der Gewöhnungsphase kommt die zweite Wand dazu, anfangs noch in größerem Abstand. Als Steigerung können Sie später noch eine dritte Wand quer am Ende der Gasse aufbauen, also eine Sackgasse, dann gewöhnt sich das Pferd daran, auf eine Wand zuzugehen und sich wieder rückwärts aus der Gasse herausschicken zu lassen.

Übungen zu 2.: Brücke, Wippe und Schwebebalken

Siehe auch Kapitel 1. Klappen diese Übungen reibungslos, können Sie eine Brücke oder mehrere Schaltafeln als simulierten Hängerboden zwischen die Planenwände legen.

Übungen zu 3.: Bein-Koordinationsübungen

Alle Schritt-für-Schritt-Koordinationsübungen zum

Beispiel mit Stangen, Autoreifen usw. sind geeignet. Eine äußerst nützliche Übung ist die »Beinkontrolle« (siehe Kapitel 1), bei der das Pferd lernt, auf Antippen mit der Gerte jeden Fuß einzeln vorzusetzen.

Übungen zu 4.:

siehe »Vorbereitung für den Menschen«

Lösung zu 5.:

Üben, üben, üben, Zeit, Geduld und noch mehr Zeit!

Gewöhnung an den Pferdeanhänger ohne Zeitdruck

Haben Sie ständig einen Hänger zur Verfügung, können Sie ihn in den Pferdealltag einbauen und so zur Selbstverständlichkeit werden lassen. Parken Sie zum Beispiel den Hänger einige Tage neben dem Paddock oder einer anderen Stelle, wo das Pferd ihn möglichst oft sieht und rangieren Sie ihn hin und her. Binden Sie das Pferd öfter zum Putzen am Hänger an (dazu muss er aus Stabilitätsgründen am Auto angekuppelt sein), dann nimmt es später ein Stück Heimat auf den Kurs oder den Wettbewerb mit. Machen Sie bekannte Bodenarbeitsübungen (einzelne Schritte vorwärts, rückwärts, seitwärts usw.) in der Nähe des Hängers.
Klappen Sie die Rampe herunter und füttern Sie das tägliche Kraftfutter in einem Eimer, der auf der Rampe steht. Der Eimer wandert alle paar Tage ein Stück weiter nach oben und in den Hänger hinein.

Verladetraining

Beziehen Sie den Hänger regelmäßig einmal bis mehrmals in der Woche ins Training ein, zuerst ohne explizit an Verladen zu denken. Der Hänger soll für das Pferd – und für Sie (!) zu einem ganz alltäglichen Element bei der Bodenarbeit werden, so wie jedes andere Hindernis auch.

Ideale Voraussetzungen

Der Hänger darf auf keinen Fall zu niedrig oder zu schmal für die Größe des Pferdes sein. Wenn es ein paar Mal mit den Ohren oder gar mit dem Kopf oben anstößt oder gegen die Seitenwand rumpelt, bekommt das Pferd schnell Platzangst und noch mehr Bedenken beim Einsteigen!
Auch für kleinere Pferde ist ein hoher, breiter Doppelhänger für Großpferde sehr gut geeignet. Kaufen Sie neu, empfehle ich einen Hänger mit hellen Wänden und heller Plane oder Polyhaube, damit er nicht nach düsterer Höhle aussieht. Unser erster Hänger hatte eine blaue Plane, da mir die Farbe sehr gut gefiel. Mein jetziger ist innen komplett weiß – ein riesiger Unterschied! Bei dem hellen, auch etwas höheren und breiteren Hänger haben die meisten Pferde viel weniger Bedenken und steigen viel schneller ein als in den alten.

Um den Einstieg breiter und einladender zu machen, schieben Sie die Trennwand zur Seite oder bauen Sie sie ganz aus. Öffnen Sie die vordere Klappe und binden Sie sie fest, damit sie nicht im blödesten Moment vom Wind zugeschlagen wird.
Ganz wichtig ist die Höhe der Brust- und Heckriegel passend zur Pferdegröße! In den normalen Großpferdehängern sind die Querriegel auf Warmblüterhöhe angebracht. Das kann schon für Pferde mit knapp unter 1,60 m Stockmaß zu hoch sein. Sehr gefährlich, wenn das Pferd versucht, unter dem Brustriegel nach vorne durchzutauchen, vom Anbindestrick gebremst wird, den Kopf hochreißt und panisch rückwärts zerrt! In Panik rückwärts unter dem Heckriegel durchschlüpfen kann die Dornfortsätze der Wirbelsäule verletzten!
Ich habe in meinem Hänger für unsere beiden unterschiedlich großen Isländer neue Halterungen auf »maßgeschneiderter« Höhe anbringen lassen. Je nachdem, welches Pferd im Hänger fährt, wird

der Riegel entweder in die obere oder in die untere Halterung eingehängt.
Die passende Höhe für den Brustriegel ist in etwa da, wo beim Fahren das Brustblatt liegt, also etwas oberhalb des Buggelenks. Der Heckriegel sollte etwas unterhalb der Sitzbeinhöcker liegen.
Besonders hinten hängt die optimale Höhe auch von den Fahrtgewohnheiten des Pferdes ab: Meine Stute zum Beispiel braucht hinten eine extratiefe Halterung, da sie sich beim Fahren mit den Hinterbeinen so breitbeinig hinstellt, dass sie sich quasi zwischen den Wänden verkeilt und dabei auf der Stange »sitzt«. Als die Stange anfangs etwa auf Höhe ihrer Sitzbeinhöcker war, geriet sie mit dem hinteren Teil der Kruppe unter die Stange und verletzte sich. Fahren Sie am besten hinter dem Hänger her, wenn Ihr Pferd transportiert wird und beobachten Sie, wie das Pferd sich hinstellt.

Der passende Ort für das Verladetraining

Ideal ist ein dem Pferd bekannter, ruhiger Ort, falls möglich eingezäunt, ohne vorbeidonnernde Traktoren oder sonstige Ablenkungen und keine in der Nähe herumstehenden landwirtschaftlichen Maschinen etc., an denen sich ein panisch flüchtendes Pferd verletzen könnte.

Haben Sie Ihr Pferd in einem großen Pensionsstall stehen, sollten Sie die Stoßzeiten meiden. Schlaue Bemerkungen und übereifrige Möchtegernhelfer stören die Konzentration und den ruhigen Trainingsablauf. Reservieren Sie sich außerdem ein ausreichendes Zeitfenster zum Üben, um nicht im falschen Moment aufhören zu müssen oder unter Zeitdruck zu geraten.
Nutzen Sie örtliche Gegebenheiten, die das Einsteigen leichter machen, wie die seitliche Begrenzung durch eine Wand oder die Möglichkeit, leicht bergab parken, so dass die Rampe flacher steht.

Fallbeispiel: Ein ängstliches Pferd lernt souveränes Hängerfahren

Keni ist ein siebenjähriger Shagya-Araberwallach und erst seit wenigen Wochen bei seiner neuen Besitzerin Tanya. Seine Transporterfahrungen waren bisher mit viel Stress verbunden, einmal der Import aus Ungarn als rohes Jungpferd und zweimal innerhalb des letzten Jahres eine mehrstündige Hängerfahrt zu einem neuen Besitzer.
Beim Anblick eines Hängers gerät er sichtlich unter Spannung und muss öfter freundlich an Tanyas Anwesenheit erinnert werden, um sie nicht anzurempeln. Da Tanya keinen eigenen Anhänger hat, ich aber regelmäßig mit meinem Pferd zum Training in die Reithalle ihres Stalles fahre, üben wir etwa einmal pro Woche gemeinsam mit meinem Hänger.

1. Übungstag

Erster Kontakt mit dem Hänger: Der Hänger parkt im eingezäunten Hof, unsere beiden souveränen Isländer stehen im Hänger. Keni darf aus sicherer Entfernung in Ruhe den Hänger betrachten und ist eher neugierig auf die Pferde darin als ängstlich.
Die Ponys werden ausgeladen. Keni schaut interessiert zu, darf dann an der Rampe schnuppern. Kurze Nachdenkpause ein Stückchen vom Hänger ent-

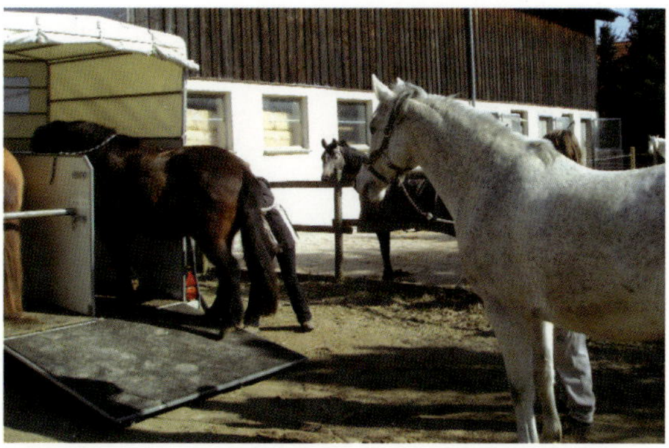

fernt. Keni darf wieder an der Rampe schnuppern. Schließlich setzt er ein Vorderbein auf die Rampe und bekommt ein Leckerli gefüttert. Danach wird er wieder von der Rampe heruntergeführt. Pause in der Nähe des Anhängers. Genug für heute.

2. Übungstag

Keni wartet schon, als der Hänger ankommt und Sída ausgeladen wird. Die erfahrene Stute bleibt als beruhigende Gesellschaft in der Nähe des Hängers, aber aus der Gefahrenzone, da sich beide Pferde nur flüchtig kennen.
Keni darf wieder ausgiebig an der Rampe schnuppern, wird aber nicht aufgefordert, auf die Rampe zu steigen. Stattdessen beginnt Tanya um den Hänger herum bekannte Übungen abzufragen. Drei Schritte langsam kontrolliert vorwärts, zwei einzelne Schritte rückwärts, ein Stück seitwärts weichen, longieren in engen Zirkeln usw.
Keni ist zuerst aufgeregt und möchte nicht zuhören. Tanya lässt sich nicht beirren und beharrt freundlich darauf, dass Keni auf ihre Hilfen reagiert.
Als sich Keni konzentriert und gut mitmacht, fragt Tanya nach einem Schritt auf die Rampe. Nach kurzem Zögern setzt Keni beide Hufe auf die Rampe, bekommt ein Leckerli und wird sofort rückwärts wieder heruntergeschickt, bevor er Angst bekommen kann. Dann geht es mit ein paar Seitengängen draußen weiter, so dass der Hänger nicht zur Hauptsache wird, sondern nur eine Übung unter vielen anderen. Das wird noch zweimal wiederholt: Vorderbeine auf die Rampe, Lob und Leckerli, rückwärts runter, andere Übung.
Zum Schluss der Übungseinheit bekommt Keni sein Kraftfutter aus einem Eimer, der unten auf der Rampe steht und frisst es relativ ruhig.

3. Übungstag

Nach einigen Bodenarbeitsübungen zur Beinkontrolle, einzelne Schritte vorwärts, seitwärts und rückwärts, Vorhand verschieben, Hinterhand verschieben, soll Keni heute lernen, von der Seite über die Rampe zu gehen.
Tanya führt Keni in großen Bögen um den Hänger herum und läuft dabei immer wieder über die Rampe. Dabei stampft sie extra ein bisschen, damit er sich an das dumpfe Geräusch gewöhnt. Nach ein paar ruhigen Runden geht Tanya so weit oben über die Rampe, dass Keni unten Platz zum Darübergehen hat (Bild unten rechts).
Keni setzt einen Huf auf die Rampe und scharrt. Er prüft den Untergrund der Rampe, zeigt eine gewisse Unsicherheit, ist aber bereit, sich mit der Aufgabe auseinanderzusetzen. In dieser speziellen Situation

bekommt er das Scharren nicht verboten, aber auch kein Lob, denn das könnte dazu führen, dass er dann dauernd scharrt – er wurde ja positiv darin bestärkt. Dauert das Scharren zu lange oder macht er es jedes Mal wieder, wird er einfach durch Antippen auf der Kruppe zu einem weiteren Schritt vorwärts aufgefordert.

Anfangs tut Keni alles, um die Hinterbeine nicht auf die Rampe setzen zu müssen. Tanya beachtet das nicht, sondern geht ruhig weiter und lässt ihn so mitgehen. Als es nach mehreren Runden nicht besser wird, stellt sie sich in der Position gegenüber auf die Rampe und holt Keni langsam Schritt für Schritt zu sich. Dabei kann sie die Hinterhand mit der Gerte seitlich antippen, so dass er nicht ausweichen kann. Eine andere Möglichkeit ist, seitlich von der Rampe einen Helfer mit ausgestreckter Gerte als Leitlinie zu postieren. Das ist allerdings nur bei Pferden zu empfehlen, die Menschen nicht überrennen!

Zum Abschluss gibt es wieder den Futtereimer auf der Rampe, der langsam weiter nach oben Richtung Hänger wandert (siehe Bild unten).

4. Übungstag

Tanya beginnt wieder mit Bodenarbeitsübungen rund um den Hänger und nimmt mehr und mehr den Hänger zum »Bespielen« dazu: Einen Schritt hinauf auf die Rampe, einen Schritt rückwärts herunter, Vorhand zur Seite verschieben, zuerst vor, dann auf der Rampe – ein Schritt nach rechts – einer nach links.

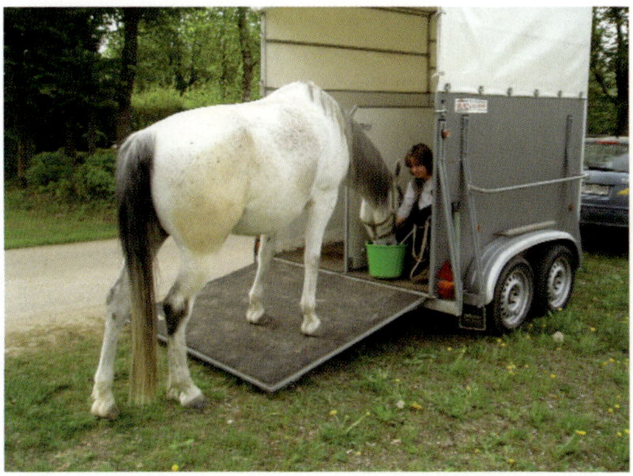

Tanya und Keni gehen wieder von der Seite über die Rampe, ein paar Runden hintereinander in betont ruhigem Tempo, so dass Keni immer mehr Zeit auf der Rampe verbringt.

Zwischendurch gibt es Pausen in ein paar Metern Abstand zum Hänger, in denen Keni grasen darf. Inzwischen verhält sich Keni in der Nähe des Hängers genauso wie in seinem sonstigen Umfeld. Als junges vollblütiges Pferd, das noch nicht viel kennengelernt hat, ist er manchmal guckig und lässt sich von Lärm oder Trubel in der Nähe leicht ablenken.

5. Übungstag

Die Trennwand wird zur Seite gestellt und das Fronttürchen geöffnet und festgebunden. Innen im Hänger wartet schon ein Eimer mit Kraftfutter.

Keni lässt sich jetzt entspannt und völlig stressfrei seitlich am langen Strick über die Rampe dirigieren. Das ist der richtige Zeitpunkt, das Pferd frontal auf die Rampe gehen zu lassen. Und tatsächlich klappt es heute auf Anhieb: Keni setzt alle vier Beine vorwärts auf die Rampe mit Blick in den Hänger. Das gibt sofort ein Lob und ein Maulvoll Futter aus dem Eimer! Bevor es ihm unheimlich werden kann, lässt ihn Tanya wieder rückwärts heruntergehen. Keni ist so begeistert vom Eimerinhalt, dass er von selbst auf die Rampe und in den Hänger gehen will – darf er aber nicht. Erst gibt es draußen wieder ein paar Übungen, führen und stehenbleiben, dann Vorhand und Hinterhand wenden und weichen lassen.

Weiter bis zum Ziel

In den nächsten Einheiten arbeiten wir daran, Keni immer weiter in den Hänger hinein gehen zu lassen und die Zeit, die er entspannt darin steht, immer mehr zu verlängern. Tanya achtet sehr darauf, dass sie Keni aktiv auffordert auszusteigen, bevor er es so gruselig findet, dass er rückwärts hinausstürmt.

Die Trennwand wandert wieder in die Mitte. Die nächsten Schritte sind die hintere Stange und die Klappe schließen zu können, ohne dass er Platzangst bekommt. Keni lernt die Stange als hintere Begrenzung an seiner Kruppe schon außerhalb des Hängers kennen. Er wird damit berührt und ein bisschen vorwärts bewegt.

Tanya steht immer noch vorne im Hänger, hält ihn fest und füttert immer wieder von vorne-unten. Als Keni mit eingehängtem Heckriegel ein paar Minuten ruhig stehen kann, schließe ich die Rampe. Auch diese Zeit wird langsam verlängert und nach ein paar Übungseinheiten wird Keni angebunden und kurz alleine stehengelassen. Die vordere Klappe bleibt zuerst noch offen.

Kurze Zeit später gibt es eine kurze Probefahrt und dann ist es soweit: Tanya und Keni starten zu ihrer ersten Veranstaltung! Als Belohnung für das geduldige Training klappt das Verladen, die Fahrt und das Ausladen einwandfrei. Keni ist natürlich etwas aufgeregt, bleibt aber immer händelbar. Durch die regelmäßige konzentrierte Arbeit hat er in wenigen Wochen schon viel Vertrauen zu Tanya aufgebaut.

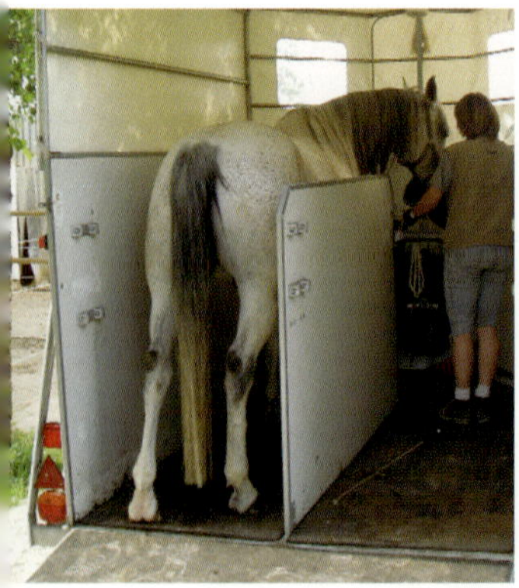

Alleine verladen

Spätestens wenn kein Helfer in der Nähe ist, muss das Pferd sich auf den Hänger schicken lassen, ohne dass jemand mit ihm zusammen hineingeht, damit Sie den Heckriegel und die Klappe schließen können. Als Vorübung lehren Sie das Pferd, sich von einer hinteren Position führen zu lassen, wie in »Pferd voraus« in Kapitel 1 beschrieben. Um das Pferd alleine vorwärts zu schicken, eignen sich Hindernisse mit seitlicher Führung wie die Stangengasse oder eine Brücke mit Begrenzung (siehe FotoSeite 36 rechts). Den Führstrick können Sie dabei entweder über den Hals legen oder gleich ganz abmachen.

Eine Person verlädt zwei Pferde

Mit zwei Hängerprofis kein Problem: Bereiten Sie den Hänger mit heruntergeklappter Rampe schon einstiegsfertig vor, bevor Sie die Pferde holen. Anfangs können Sie das zweite Pferd seitlich am Hänger anbinden, solange Sie das erste hineinschicken, die hintere Stange schließen und es falls nötig anbinden. Später halten Sie mit beiden an der Rampe und lassen sie kurz hintereinander hineingehen. Gut erzogene Pferde warten brav, bis die Heckriegel eingehängt werden.

Ausrüstung

Gut geeignet ist ein stabiles, gut sitzendes Halfter aus festem Material. Falls Sie eine Führkette benutzen möchten, sollte das Halfter runde Ringe haben, da sich die Kettenglieder in den eckigen Ringen verklemmen können.

Schwören Sie auf Knotenhalfter, sollten Sie unbedingt ein normales Halfter zum Anbinden darunter anziehen. Knotenhalfter wirken durch das dünne Seil sehr scharf, vor allem, wenn das Pferd erschrickt und »ins Halfter springt«. Bitte niemals ein Pferd am Knotenhalfter anbinden, das stabile Seil reißt nicht, wenn das Pferd Panik bekommt!

Bei büffeligen oder heftigen Pferden kann eine ***Führkette*** hilfreich sein. Hat das Pferd gelernt, dass es sich in unangenehmen Situationen losreißen kann, bringt ein energischer Ruck an der Führkette im richtigen Moment oft den Durchbruch zu sinnvoller Überzeugungsarbeit. Die Führkette wird so über dem Nasenrücken verschnallt, dass sie eine seitliche Einwirkung hat: Führen Sie das Kettenende mit dem Karabinerhaken von außen nach innen-unten durch den seitlichen Halfterring des Nasenstücks, überkreuzen das Nasenstück vorne und fädeln das Kettenende von innen nach außen durch den Halfterring auf der anderen Seite des Nasenstücks. Dann führen Sie das Kettenende entlang des Backenstücks nach oben zum oberen Halfterring. Das Kettenende, das am Führseil befestigt ist, soll zwischen Halfterring und Führseil nur etwa eine Handbreit herausschauen. Diese Länge können Sie auf der anderen Seite einstellen: Bei großen Pferdeköpfen wird der Karabinerhaken direkt in den oberen Halfterring verschnallt, bei kleineren führen Sie das Kettenende durch den Ring wieder parallel zum Backenstück nach unten und haken es bei passender Länge in ein Kettenglied ein.

Eine gute Lösung für sensiblere Pferde ist ein dünnes Seil, das wie eine Führkette seitlich über der Nase verschnallt wird (bei Linda Tellington-Jones Lamaleine genannt). Wer das dünne Seil in der Hand unangenehm findet, kann ein dickeres, griffiges Führseil daran befestigen, am besten mit festem Nylongarn und dicker Sockennadel flächig festnähen.

Im Sommer können Bremsenmittel und evtl. eine Fliegendecke die Verladeaktion enorm erleichtern. Ein von Bremsen umschwärmtes tobendes Pferd hat andere Sorgen, als sich mit dem Anhänger auseinander zu setzen.

Sie brauchen außerdem einen oder, falls Sie das Pferd von beiden Seiten anbinden möchten, zwei Anbindestricke mit Panikhaken. Beim Führen eines unsicheren Pferdes hat ein Panikhaken nichts verloren! Ruckt das Pferd am Strick, kann er plötzlich aufgehen. Binden Sie den Anbindestrick schon in der richtigen Länge im Hänger fest, dann brauchen Sie nachher nur noch den Haken im Halfterring einhängen.

Ein Eimer mit Leckerli oder Kraftfutter, eine oder mehrere lange Gerten und zwei oder drei wirklich geduldige Helfer mit Pferdeerfahrung könnten Sie außerdem gut gebrauchen.

Gamaschen, ja oder nein?

Beschlagene Pferde sollten Sie wegen der Selbstverletzungsgefahr mit Transportgamaschen gut verpacken. Bei Barhufern kommt es auf die eigene Einschätzung an. Ruhigere, trittsichere Rassen mit eher dicker Haut und vielen Haaren an den Beinen wie Isländer, Haflinger, Kaltblüter kann man meiner Erfahrung nach oft ohne Beinschutz fahren. Nervöse vollblütige Typen, die schnell unüberlegt von der Rampe springen und in der Kurve aus dem Gleichgewicht kommen und sich selbst treten, eher nicht.

Keine Möglichkeit zum Üben – der Notfallplan

Nicht immer kann man von dem Idealfall ausgehen, ein Pferd tage- bis wochenlang geduldig auf das Hängerfahren vorbereiten zu können. Sei es, weil das eben gekaufte Pferd zu seinem neuen Zuhause gefahren werden soll oder mangels eigenem Anhänger oder der Möglichkeit, regelmäßig einen auszuleihen.

Bei Hauruck-Verladeaktionen mit zuviel Druck oder gar massivem Gerteneinsatz kann man jedes Pferd ängstlich und hängersauer bekommen und schafft

sich so unter Umständen eine langwierige bis unlösbare Trainingsaufgabe.
Mit der folgenden Methode habe ich nach Kursen und auf Veranstaltungen schon viele Pferde ohne allzu viel Stress und vor allem ohne Negativerfahrungen verladen bekommen.

Hinein ins Vergnügen ...

Parken Sie Auto und Hänger möglichst an einem ruhigen, bei Hitze auch schattigen Ort, wo nicht dauernd jemand vorbeikommt, der »helfen« will. Führen Sie das Pferd in Richtung Hänger, soweit es geht. Hält es an, darf es den Hänger anschauen und stehen bleiben mit Blick auf oder in den Hänger: Erstmal Pause, ausatmen, Kopf senken und evtl. an der Rampe schnüffeln lassen. Pferd am ganzen Körper mit der Gerte abstreichen. Unterbinden Sie unbedingt sämtliche Versuche umzudrehen oder auch nur den Kopf wegzudrehen und woanders hinzuschauen.
Fragen Sie ab und zu an, ob es einen Schritt zum Hänger bzw. auf die Hängerrampe machen will. Geht es vorwärts, gibt es begeistertes Stimmlob, ein Leckerli und eine Pause (unbedingt mit Blick zum Hänger). Geht es nicht: mit der Gerte oben auf der Kruppe antippen – nicht hauen! Solange weiter touchieren, bis es einen Schritt vorwärts macht, dann sofort begeistertes Stimmlob, Leckerli, Pause usw.
Füttern Sie die Leckerli von vorne-unten, damit das Pferd den Kopf senkt und sich dadurch entspannt. Achten Sie selbst darauf, immer wieder bewusst – und gerne auch hörbar – auszuatmen und die Spannung aus Ihrem Körper zu nehmen.
Reißt das Pferd rückwärts, kein Geschrei, kein Drama, kein Zurückreißen am Strick! Dirigieren Sie es ganz ruhig wieder an den Platz, an dem es vorher stand.
Notfalls dauert es ein paar Stunden, aber irgendwann geht jedes Pferd rein, denn draußen vor dem Hänger oder auf der Rampe rumstehen wird irgendwann langweilig und das Pferd verliert seine Angst. Mein längstes Erlebnis waren zwei Stunden, natürlich in strömendem Regen.
Besonders große Überwindung kostet es viele Pferde, das erste Bein oder das erste Hinterbein auf die Rampe zu setzen. Hier können Sie helfen, indem Sie einen Huf von Hand auf die Rampe setzen und das Pferd an der Schulter oder Hüfte ein bisschen schubsen, damit es Gewicht darauf aufnimmt. Dann das zweite Bein von Hand auf die Rampe setzen. Ich habe schon Fälle erlebt, wo das ganze Pferd so Huf für Huf in den Hänger bugsiert wurde.

Wichtig!

Lassen Sie das Pferd niemals vom Hänger weggucken, es soll sich mit der Aufgabe auseinandersetzen und sich nicht durch »Wegbeamen« entziehen. Geht es rückwärts, also auch keine Volten führen, sondern immer mit dem Kopf Richtung Hänger korrigieren.

Weitere Möglichkeiten im Notfall

Mein Freund kommt auch mit

Manche Pferde gehen wesentlich leichter in den Anhänger, wenn ein ruhiger Kumpel schon darin steht. Den sollten Sie dann aber auch auf die Fahrt mitnehmen, sonst kann der Trick buchstäblich nach hinten losgehen!

Sedierung

Ist das Pferd extrem ängstlich und vielleicht noch nicht so gut ausgebildet, lassen Sie es rechtzeitig vorher vom Tierarzt sedieren, bevor es den Hänger

> **Wichtig!**
>
> ***Sie müssen überzeugt sein, dass es irgendwann geht, und wenn es die ganze Nacht dauert! Immer fröhlich und zuversichtlich bleiben!***

sieht und sich aufregen kann. Bei sehr aufgeregten Pferden schlägt eine Sedierung manchmal ins Gegenteil um! Warten Sie, bis die Sedierung wirkt, dann schieben Sie das Pferd mit zwei ruhigen Helfern in den Hänger.

Flaschenzug

Diese Methode ist wegen der Verletzungsgefahr an der Halswirbelsäule ein Risiko und sollte daher wirklich nur im absoluten Notfall angewandt werden! Vor vielen Jahren importierte ich ein völlig rohes zweijähriges Maultier aus Südfrankreich, das nach einigem vergeblichem Probieren vom Züchter und einem Helfer so verladen wurde: Dem Muli wurde ein stabiles Halfter angezogen, ein sehr langes stabiles Seil mit robustem Haken wurde einmal um die Frontstange gelegt und mit dem Haken im unteren Halfterring eingehängt. Die beiden Männer hielten das andere Seilende hinter dem Hänger immer auf Zug und zogen das Muli in etwa einer Viertelstunde Zentimeter für Zentimeter hinein. Das Muli steckte diese Aktion übrigens ohne physische und psychische Schäden weg und stieg später wieder problemlos in den Hänger.

Longen

Bei Pferden, die notorisch seitlich von der Rampe springen, kann eine seitliche Begrenzung durch Longen sinnvoll sein. Man braucht zwei Longen, die an der Seitenwand des Hängers eingehängt werde und zwei mutige, reaktionsschnelle Helfer, die sie parallel zur Rampe halten. Bei vielen Pferden reicht das als optische Begrenzung.
Falls nicht, können die Helfer die Longen hinter dem Pferd überkreuzen und vorsichtig ziehen. Auch diese Methode ist wegen möglicher Panik beim Pferd nicht ganz ungefährlich. Die Helfer sollten so weit wie möglich seitwärts stehen, um außer Reichweite zu sein, falls das Pferd ausschlägt oder von der Rampe springt. Allerdings habe ich schon mehrere zögerlich einsteigende Pferde kennengelernt, bei denen es aufgrund früherer Erfahrungen reichte, die Longe an der Seitenwand einzuhängen.

Mach den Weg frei

Manche Pferde gehen wesentlich leichter in den Anhänger, wenn der Weg nach vorne frei aussieht. Versuchen Sie, einen Hänger mit Frontausstieg auszuleihen.

Mamas verwöhntes Hasi

Manche Pferde gehen tatsächlich leichter in den Hänger, wenn ihr(e) Tüddel-Besitzer(in) nicht dabei ist. Haben Sie diesen Verdacht, bitten Sie den Besitzer doch, Leckerli-Nachschub oder etwas zu Trinken zu holen. Bis er wiederkommt, steht das Pferd vielleicht schon drin. Pferde können Gedanken lesen – und lassen sich von »Du steigst ein, und wenn es den ganzen Tag dauert« durchaus beeindrucken.

Endlich auf großer Fahrt

Klappe zu – die richtige Reihenfolge

Steht das Pferd im Hänger, unbedingt zuerst den Heckriegel einhängen, die Klappe schließen und erst dann das Pferd anbinden. Noch unsichere Pferde sollten Sie sowieso nur mit Helfer verladen, so dass eine Person das Pferd festhält und eventuell füttert, solange die zweite den Hänger hinten verriegelt.

Binden Sie das Pferd so kurz an, dass es den Kopf gerade nach vorn halten, aber nicht zum Nachbarn herüberstrecken und sich nicht umschauen kann. Niemals das Pferd anbinden, solange der Hänger hinten noch offen ist. Bekommt es Panik und reißt rückwärts, kann es sich die Halswirbelsäule verletzten und im Extremfall sogar nach hinten überschlagen!

Schließen Sie die Rampe grundsätzlich von der Seite her. Geht das Pferd bei noch nicht geschlossener Heckstange auch nur einen Schritt rückwärts oder schafft es, unter dem geschlossenen Heckriegel durchzutauchen, liegt man schneller unter der Rampe, als man reagieren kann!

Jetzt geht's los

Aber bitte mit Gefühl! Vor der ersten Fahrt mit dem geliebten Vierbeiner üben Sie am besten zuerst mit leerem Hänger auf ruhigen Nebenstraßen und leeren Parkplätzen. Extrem langsam anfahren, gefühlvoll abbremsen ohne ruckeln, langsam und weit ausholend um die Kurve.

Fahren Sie ein rohes Ei spazieren: Bekannte von mir schafften es tatsächlich, ihre beiden Pferde mit einer einzigen Fahrt zum Sonntagsausritt hängersauer zu machen. Die Fahrtstrecke dauert nur ca. 15 Minuten, ist jedoch stark kurvig und bergig. Zügige Kurvenfahrten, zackiges Abbremsen und Beschleunigen oder ein zu lang angebundener Hängernachbar, der bösartig herüberbeißt, machen auch das ruhigste Pferd in kürzester Zeit zum Hänger-Angsthasen!

Sicher ausladen

Kehren Sie die Abfolge vom Einladen um: Anfangs sollten Sie auf jeden Fall zu zweit sein. Person 1 bindet das Pferd los, hält es am Strick und füttert eventuell. Person 2 öffnet die Rampe (seitlich stehen!). Ist das Pferd sehr aufgeregt und wirft sich schon gegen den Heckriegel, tippen Sie es mit der Gerte auf die Kruppe, bis es wieder einen Schritt vorgeht. Darauf folgen Lob und Leckerli. Dann schnell den Heckriegel aushängen und das Pferd ausladen, sonst würde es die Tatsache, dass es noch länger warten muss, als unerfreuliche Konsequenz des Vorwärtsschrittes abspeichern.

Ist das Pferd schon ruhiger, verlängern Sie die Zeit bis zum Ausladen immer mehr. Ich sammle zum Beispiel immer erst den Mist von der Fahrt auf, bevor die Pferde herausdürfen. Das lehrt sie Geduld und dass »Hängerklappe auf« nicht »sofort aussteigen« bedeutet – und man muss später nicht die ganze Rampe und den Hof saubermachen.

Beim Rückwärtsgehen zum Ausladen achten Sie darauf, dass das Pferd nicht in einem Stück rückwärts aus dem Hänger herausstürmt, sondern ganz kontrolliert Schritt für Schritt geht und sich jederzeit anhalten und auf Anfrage auch wieder einen Schritt vorwärts schicken lässt. Dazu können Sie es an der Kruppe mit der Gerte abstreichen und bei Bedarf antippen.

Damit das Pferd nicht seitlich von der Rampe tritt und sich womöglich verletzt, stellen Sie sich seitlich an die Rampe als optische Begrenzung. Lässt sich der Heckriegel aushängen, hat man ihn ja sowieso in der Hand und kann ihn waagerecht halten, sonst beide Arme ausstrecken oder eine Gerte als Leitlinie waagerecht hinhalten. Achten Sie darauf, dass Kopf und Hals des Pferdes beim Rückwärtsgehen gerade bleiben. Viele Pferde versuchen sich umzuschauen, weil sie sehen wollen, wo sie angekommen sind, wo die Kumpels sind oder weil sie ein Geräusch gehört haben und fallen vor lauter Gucken seitlich von der Rampe herunter.

wenn Sie danach noch weitermachen möchten? Genau – vom Pferd kommt ein empörtes »Ich habe jetzt Feierabend!« Durchbrechen Sie alte Gewohnheiten und überlegen Sie sich einen abwechslungsreichen Trainingsplan mit bekannten und neuen Übungen. Ihr Pferd wird das bestimmt durch freudige Mitarbeit belohnen.

Losreißen

Eines der gefährlichsten und in der Bearbeitung anspruchsvollsten Probleme ist chronisches Losreißen. Hat ein Pferd erst mal erkannt, wie wenig so ein Menschlein ihm entgegenzusetzen hat und wird zum Losreiß-Profi, dauert es sehr lange, oft Monate, und erfordert extrem viel Konsequenz, Mitdenken und Konzentration des korrigierenden Menschen, um dieses Verhalten abzustellen.
Je öfter das Pferd es schafft, sich erfolgreich loszureißen, desto länger dauert die Korrektur! Hat sich dieses Verhalten erst manifestiert, zeigen es manche Pferde bei unerfahrenen, unsicheren Führpersonen oder in Stresssituationen auch nach erfolgreicher »Therapie«. Ist Ihr Pferd ein solcher Losreiß-Profi und es passiert trotz aller Mühen immer wieder, rate ich dringend zu professioneller Hilfe!

Langfristige Strategie

Tausendmal gehört, aber langfristig die einzige richtige Lösung – werden Sie zum vertrauenerweckenden Herdenchef Ihrer Zweierherde mit Ihrem Pferd! Lernen Sie seine Gedanken zu lesen und seine Reaktionen vorauszuahnen. Verbessern Sie Ihre und seine Konzentration und Körperbeherrschung: Lassen Sie sich gutes Führtraining zeigen und üben Sie in einem sicher umgrenzten Areal.
Gutes Führtraining hin oder her – wenn Sie heute damit anfangen, bringt es morgen sicher noch nicht den Durchbruch. Morgen müssen Sie das Pferd aber vielleicht schon wieder auf die Weide oder in die Halle führen. Losreißer sind Ausnahmepferde und Losreißen ist immer eine Gefahrensituation, darum sind eindeutige Hilfsmittel und Strategien angebracht!

Hilfsmittel

Ein Pferd, das sich ernsthaft losreißen will, schafft das auch mit einer schärferen Zäumung, egal ob Führkette, Knotenhalfter, Serreta, Caveçon oder irgendeine Art von Gebiss. Trotzdem rate ich für Situationen, in denen es aufgeregt ist oder seine Grenzen testet, zu einer eindeutigen Zäumung mit stärkerer Einwirkungsmöglichkeit als ein Halfter. Das Führseil sollte dabei seitlich verschnallt werden, um Losstürmen zur Seite umlenken zu können.
Ich benutze am liebsten eine Führkette in der Verschnallung über der Nase nach Linda Tellington-Jones (siehe Kapitel 3) und in ganz hartnäckigen Fällen ein Caveçon. Ein energischer Ruck auf der Nase ist mit Sicherheit ungefährlicher für das Pferd, als frei auf der Bundesstraße herumzulaufen! Ich denke außerdem, dass es bei Führkette und Caveçon bei richtiger Verschnallung und Anwendung eher der Überraschungseffekt eines mahnenden Rucks auf der Nase als Schmerz ist, was dabei auf das Pferd einwirkt.
Als weiteres Hilfsmittel nutze ich eine lange Gerte, mit der ich den Weg nach vorne begrenzen kann und mit der ich das Pferd beim Führen ohne viel Aufwand auf Abstand halten kann.

Hiergeblieben

Bei den Losreißern gibt es verschiedene Techniken – zum Glück nutzen Pferde nach ein paar »Erfolgserlebnissen« in der Regel immer dieselbe Masche, oft auch den gleichen Ort oder die gleiche Situationen. So kann sich der (hoffentlich) schlauere Mensch eine Strategie überlegen.

Hat ein Pferd gelernt abzuhauen, indem es Kopf und Hals vom führenden Menschen wegdreht oder stocksteif gerade hält, muss man die Vorwärtsbewegung durch einen satten Seitwärtsruck so schnell wie möglich unterbrechen, bevor das Pferd zu schnell wird, zu weit weg ist und man den sicheren Stand verliert. Wenn man Pech hat, schlägt es im Vorbeirennen auch noch aus. Solche Pferde führe ich vorbeugend schon in der Dreiecksposition deutlich vor dem Pferdeauge und begrenze den Weg nach vorne mit der Gerte.

Fast immer wirkt die Methode, den Pferdekopf durch einen Impuls zu sich zu holen und gleichzeitig mit der Gerte die Hinterhand zur von Ihnen abgewandten Seite zu schicken. So wird die Vorwärtsbewegung gebrochen.

Weitere Losdüs-Techniken sind ein kurzes Steigen, dabei mit den Vorderbeinen in der Luft auf der Hinterhand um 180 Grad herumwerfen und dann durchstarten und – meiner Erfahrung nach besonders unangenehm – heftige Bocksprünge vor dem Start mit wildem Kopfschlagen, gern gegen den Kopf des Menschen.

Eine gute Idee für diese Probleme und grundsätzlich alle Arten »wilder Pferde« ist das Führen zu zweit von beiden Seiten. Das geht auch mit zwei Führketten, die gekreuzt über der Nase verschnallt werden.

Bleiben Sie unemotional! Draufhauen ist ganz sicher kontraproduktiv – dann will das Pferd hundertprozentig erst recht weg – aber eine kurze, heftige Einwirkung auf der Nase, die das Abspulen einer Weglaufreaktion überraschend unterbricht, finde ich in Anbetracht dessen, was alles passieren kann, bei solchen Kandidaten gerechtfertigt.

Übermut durch Bewegungsdefizite sollte durch eine geeignete Haltung und viel (freie) Bewegung abgebaut werden. Eine Haltungsänderung und/oder intensive Arbeit ist da oft schon die halbe Miete.

Vorbeugend können Sie den Losreiß-Kandidaten beschäftigen wie im folgenden Absatz »Unkonzentriert/unmotiviert« beschrieben. Linda Tellington-Jones setzt dazu die Führkette ein, um damit »zu klingeln« und so die Aufmerksamkeit des Pferdes zu bekommen.

Unkonzentriert/unmotiviert

»Eigentlich läuft es wirklich gut bei meinem Pferd und mir, wir machen schöne Fortschritte. Nur es gibt da etwas, was mir ziemlich auf die Nerven geht: Es lässt sich bei der Arbeit ständig ablenken. Kommt da hinten ein anderes Pferd? Ein Hund? Fußgänger? Auto? Mein Pferd ist mit seiner Aufmerksamkeit dann nur noch dort. Es arbeitet bis dahin gut mit und ist bei mir, aber wehe irgendwo bewegt sich etwas. In solchen Momenten blendet es mich praktisch komplett aus, bleibt stehen, reißt den Kopf hoch und glotzt. Fordere ich es zum Weitergehen auf, ist es verkrampft und unkonzentriert.«

Hier fehlt das »Konzentrationsband« zwischen Mensch und Pferd, die innere Verbindung miteinander. Was Sie von Ihrem Pferd verlangen ist Konzentration. Es soll zuhören und konzentriert die Weisungen befolgen, die Sie ihm geben. Hand auf's Herz: Wie sieht es damit bei Ihnen selbst aus? Überlegen Sie beim Führen schon nebenher, was Sie nachher kochen wollen oder was heute abend im Fernsehen kommt?

Pferde leben für den Moment, da eine einzige verpasste Gefahr das Ende bedeuten kann. Das erfordert, dass der Mensch selbst hochgradig konzentriert ist. Um das Konzentrationsband aufzubauen und zu halten, müssen Sie laufend mit dem Pferd kommunizieren und seine Aufmerksamkeit mit absoluter Konsequenz fordern.

Ich erkläre das am Beispiel Führen, das Prinzip ist jedoch auf alles andere übertragbar: Beim Führen

Ihres Pferdes verlangen Sie, dass es sich auf Sie konzentriert, sprich: das gewünschte Tempo hält, auf seiner Position bleibt, Wendungen folgt, auf leichte Hilfen anhält, mit Vor- und Hinterhand weicht, Sie nicht anrempelt usw. Sie kontrollieren mit voller Konzentration jeden einzelnen Schritt. Dabei soll das Pferd immer ein Auge und möglichst auch ein Ohr bei Ihnen haben.
Lässt sich das Pferd ablenken, erinnern Sie es an Ihre Anwesenheit: Kurz am Strick zupfen, laut und deutlich seinen Namen sagen. Kommt keine Reaktion, bleiben Sie entspannt und fordern seine Aufmerksamkeit mit einer neuen Aufgabe, zum Beispiel Seitengänge, Schaukel, Vorhand weichen.
Kommt keine Reaktion, wird die Hilfe weiter gegeben und verstärkt. Je länger es dauert, bis das Pferd reagiert, desto stärker wird das Kommando. Einfach stur auf Reaktion bestehen. Guckt das Pferd weg, holen Sie den Kopf freundlich, aber mit Nachdruck wieder zu sich. Reagiert das Pferd nicht auf Gertenhilfen, tippen Sie in schnellerer Frequenz und etwas stärker. Niemals schlagen, niemals emotional werden! Das Pferd lernt dadurch, schon auf kleine Signale aufmerksam zu werden, um die verstärkten und dadurch unangenehmen Signale zu vermeiden.
Leider gibt es immer noch genügend Leute, die meinen, mit Druck und Strafe, vielleicht gleichzeitig noch ohne eigene Anstrengung, klappt alles. Die Erkenntnis, dass Pferde nicht zum Spaß Fehler machen oder sich wehren, setzt sich traurigerweise nur langsam durch.

Faul, unmotiviert oder krank?

»Der sieht aus, als ob er Kaugummi an den Hufen hätte.« Jedes Pferd hat sein eigenes Grundtempo – bei manchen ist das im Schritt wirklich langsam. Oft liegt das am Körperbau, steile Schultern und Gelenke verursachen kurze Schritte. Oder es liegt an der Gemütsruhe, die Sie eigentlich an Ihrem Liebling sehr schätzen. Bis zu einem gewissen Grad kann man solchen Pferden nach und nach ein etwas höheres Grundtempo angewöhnen, indem man sie einfach nie schleichen lässt. Das erfordert jede Menge Konzentration und Konsequenz.
Bestehen Sie kurz auf flottes Laufen, dann gibt es wieder eine Pause. Schleichen und zurückbleiben hinter dem Menschen ist streng verboten! Sobald das Pferd einen Ticken langsamer wird, tippen Sie es solange mit der Gerte an, bis es schneller wird. Notfalls besorgen Sie sich eine Pony-Fahrpeitsche mit kurzem Schlag, damit kommt man auch bei großen Pferden bis an die Hinterhand. Dann nehmen Sie häufige Übergänge dazu (Antraben, Halt, Rückwärts, Antraben), so dass das Pferd richtig wach wird. Zur Belohnung gibt es immer wieder Stehpausen und natürlich viel Lob und Leckerlis.

Menschliche Motivation

Prüfen Sie, ob Sie selber gerade Lust auf diese Art Arbeit mit dem Pferd haben. Würden Sie viel lieber entspannt spazieren gehen oder ausreiten oder einfach gar nichts tun? Ein Pferd spiegelt seinen Menschen: Wie kann es motiviert sein, wenn Sie es nicht sind?

Trainingsplan

Überlegen Sie sich vor dem Training, was Sie üben oder woran Sie arbeiten wollen. Haben Sie ein klares Ziel, überträgt sich Ihre Konzentration auf das Pferd. Planen Sie öfter neue Übungen ein, aber überfordern Sie das Pferd dabei nicht. Hören Sie rechtzeitig auf und freuen Sie sich riesig über jeden Fortschritt, natürlich mit viel positiver Verstärkung durch Lob und Leckerlis für das Pferd!

Überfordert?

Das Pferd bleibt dauernd stehen und ist nur mit Mühe oder gar nicht zum Weitergehen zu bewegen? Diese Verweigerungshaltung kenne ich von Pferden, die nicht besonders viel Temperament haben und geistig oder körperlich überfordert werden. Manchmal sind sie auch etwas lernverzögert. Diese Pferde sind nicht faul im eigentlichen Sinne, das ist nur ihr Weg, die Reizüberflutung auszuhalten. Hier »dürfen« Sie tatsächlich Mitleid haben und das Arbeits- und Lerntempo stark drosseln. Zeigen Sie dem Pferd Ihre Liebe und Freude und loben Sie beim allerwinzigsten Fortschritt!

Mangelerscheinungen

Vielleicht möchte Ihr Pferd gerne flott und fröhlich unterwegs sein, ist aber durch Defizite an Mineralien und Spurenelementen oder wegen zu energiearmem Futter gar nicht dazu in der Lage. Aufschluss geben können Fütterungstabellen oder eine professionelle Futterberatung.

Gesundheitliche Gründe

Ein dicker Wohlstandsbauch bewegt sich nicht so gern. Vielleicht sollte Ihr Pferd etwas abspecken? Wenn gar nichts hilft, empfehle ich einen Gesundheitscheck mit großem Blutbild und Untersuchung von Herz/Kreislauf und Bewegungsapparat. Vielleicht klemmt es auch im Rücken und ein Osteopath könnte helfen?

Herumzappeln

Nur wenige Pferde stehen von Anfang an still beim Anbinden, Putzen und in Pausen während der Arbeit. Das sind meist die mit einem ruhigeren Naturell, oft Nordponys und Kaltblüter. Aber auch die Coolen fangen in Stresssituationen irgendwann zu hampeln an, darum hilft nur geduldiges Üben im gewohnten Umfeld.
Ihr Pferd soll auf ein Stimmsignal anhalten und stehen bleiben lernen, zum Beispiel bei »haalt«,

»steeh« oder »hooh«. Entscheiden Sie sich für ein Kommando und sagen Sie das Wort immer dann, wenn Ihr Pferd gerade ruhig steht. Zappelt es herum, halten Sie es mit einem Griff in den Strick oder einer Gertenhilfe an (Gertenspitze an die Brust tippen oder Gerte ruhig vor dem Pferdegesicht auf und ab bewegen). Sobald es steht, geben Sie das Kommando, dann sofort ein Stimmlob und ein Leckerli. Kommt das Stimmkommando während der Lernphase des Pferdes schon beim Herumzappeln, verknüpft das Pferd es mit der Bewegung. Sitzt das Kommando erst mal, können Sie das Pferd mit dem Wort aus jeder Gangart anhalten oder beim Hampeln zum Stillstehen bringen.
Für Jungpferde und aufgeregte Typen bedeutet langes Stillstehen puren Stress und erfordert mehr Konzentration, als sie anfangs aufbringen können. Steigern Sie die Stillstehzeit daher nur langsam und loben Sie viel. Bei ganz hampeligen Pferden zähle ich anfangs ruhig nur bis 3, bevor sie wieder das Kommando zum Losgehen bekommen. Lieber kürzer, aber dafür bestimmen Sie den Zeitpunkt, wann das Pferd sich wieder bewegen darf.

Beißen/schlagen

Leichtes Schnappen ist meistens einfach mangelnder Respekt. Besonders junge Wallache (und erst

recht Hengste) nutzen es als Aufforderung zum wilden Raufspiel. Pferdezähne können böse Quetschwunden verursachen, darum sollten Sie lieber nicht mitspielen, sondern die Aufforderung ignorieren und das Pferd weichen lassen. Achten Sie darauf, dass die Rangordnung zwischen dem Pferd und Ihnen zu Ihren Gunsten geklärt ist!
Mutterstuten mit erst kürzlich geborenem Fohlen zeigen manchmal aggressives Verhalten, um das Fohlen zu schützen. Hier sollten Sie, wenn möglich, ihre »Privatsphäre« respektieren – in ein paar Tagen sieht das wahrscheinlich schon ganz anders aus!
Mangelnde Futterdisziplin ist meist der Grund für das Schnappen nach Fingern, Herumknibbeln an Taschen, Jackentasche abreißen usw. Hier fehlt es an Belohnungskultur – oder das Pferd wird evtl. durch fütternde Besucher verdorben.

»Leichte Fälle« lassen sich oft schon durch den Verzicht auf »einfach so füttern« kurieren, stattdessen gezieltes Belohnen für eine gut erledigte Aufgabe. Dabei wird konsequent nur gefüttert, wenn das Pferd vom Leckerli wegschaut. Das Leckerli wird aktiv gegeben, man lässt es sich auf keinen Fall »wegnehmen« oder vom Pferd einfordern. Herumknibbeln wird ignoriert. Versucht das Pferd ernsthaft zu beißen, gibt ein lautes »Nein« und einen Klatscher mit der flachen Hand. Ist dem Pferd klar, dass es das Leckerli erst nach erfolgreich gelöster Aufgabe gibt, richtet es seine Konzentration mehr auf die gestellte Aufgabe, statt nach der Belohnung zu gieren.
Legt das Pferd die Ohren an beim Versuch zu schnappen, füttern Sie es eine Weile überhaupt nicht mehr aus der Hand und versuchen Sie, Besucher durch »Bitte nicht füttern«-Schilder davon abzuhalten. Rechnet das Pferd nicht mehr in jeder möglichen und unmöglichen Situation mit Futter, können Sie langsam und extrem konsequent wieder mit Belohnen anfangen. Oder Sie suchen eine andere Art es zu belohnen, zum Beispiel durch Kraulen am Mähnenkamm.

Pferd legt bei Berührungen die Ohren an

Lilian putzt Fury liebevoll am Bauch. Das Pferd legt die Ohren an und schnappt leicht in die Luft. Lilian hat Mitleid mit Fury, denkt, »das kitzelt den Armen bestimmt« und hört sofort auf, den Bauch zu bürsten. Am nächsten Tag putzt Lilian Fury an der Brust, das Pferd beißt. Lilian hört auf, die Brust zu putzen, an den Bauch traut sie sich sowieso nicht mehr. Einen Tag später beißt Fury schon beim Anblick des Halfters mit angelegten Ohren nach Lilian und hebt drohend ein Hinterbein. Lilian gibt auf und traut sich nicht einmal mehr, Fury von der Koppel zu holen.
Was lief hier falsch? Lilian fiel mit Pauken und Trompeten durch den Leitpferd-Test! Lerneffekt für das Pferd: Ich muss nur genug giften und schnappen, dann hört das Unangenehme auf, und mein Mensch lässt sich von mir erziehen!
Die passende Reaktion auf das erste Giften beim Bauchputzen wäre gewesen, das Ohrenanlegen und Drohen komplett zu ignorieren und ruhig weiterzuputzen. Damit ist die Reaktionskette bei den meisten Pferden sofort unterbrochen.
Versucht das Pferd ernsthaft zu beißen, gibt es ein lautes »Nein« und eine Ohrfeige seitlich ans Maul mit der flachen Hand. Lassen Sie sich nicht provozieren, reagieren Sie souverän und unemotional. Groß machen, Luft holen, Körperspannung aufbauen und das Pferd ein Stück rückwärts oder seitwärts weichen lassen. Danach geht es ruhig weiter im Programm.
Versuchen Sie, die Ursachen für so eine heftige Abwehrreaktion zu finden. In welchen Situationen kommt sie vor? Wann fingen die Probleme an – gab

es vielleicht schon länger feine Signale, die Sie nicht richtig gedeutet haben?
Die Ursachen können vielfältig sein: Von einfach »kitzelig sein« über gesundheitliche Probleme wie Verspannungen, Bauchschmerzen, Leberprobleme (»eine Laus über die Leber gelaufen«), hormonelle Gründe (zum Beispiel Zysten an den Eierstöcken) oder tatsächlich ein Rangordnungsproblem?
Ein lediglich kitzeliges Pferd wird konsequent an die ungeliebten Berührungen gewöhnt, indem man immer wieder eine Weile die sensiblen Bereiche putzt. Probieren Sie dabei mit etwas Druck zu striegeln, das mögen die meisten kitzligen Pferde lieber. Scheint weder Kitzeligkeit noch ungeklärte Rangordnung das Problem zu sein, empfehle ich einen gründlichen Gesundheitscheck durch einen Tierarzt.

Aggressive Problempferde

Leider gibt es wirklich bösartige Pferde, die entweder schlechte Erfahrungen mit Menschen gemacht haben oder durch zuwenig Sozialkontakte in der Jugend (zum Beispiel Handaufzuchtfohlen, die zu sehr verhätschelt wurden) absolut respektlos und lebensgefährlich für den Menschen (oder andere Pferde) gelernt haben, ihren Willen durchzusetzen. Manchmal findet sich auch keine äußere Ursache, und das Pferd leidet an einer angeborenen psychischen Krankheit oder hat einen genetischen Defekt. Für solche schweren Fälle gibt es keine allgemeingültigen Tipps. Um die eigene Gesundheit und das Leben zu schützen, rate ich persönlich davon ab, sich an der Korrektur solcher Pferde zu versuchen. Natürlich gibt es Fälle mit »Happy End«, aber leider auch viele, bei denen das Pferd nach einigen schlimmen Vorfällen doch getötet werden musste. Im Zweifelsfall sollten Sie einen Profi um Rat und Hilfe fragen.

Umrennen/Respektlosigkeit

Vor kurzem stand ich mit einer Bekannten auf dem Paddock, und sie klagte mir ihr Leid über ihre »dominante« Stute. Dieses Pferd bewegte sich gerade von einem Heufutterplatz zum nächsten. Während wir uns unterhielten, kam die Stute auf uns zu, da wir offensichtlich genau in ihrem geplanten Weg standen. Ihre Besitzerin trat auch brav ein Stück zur Seite. Wer wundert sich da noch?

Bei solchen grundlegenden Problemen mit dem Pferd wie Umrennen, Anrempeln, Leckerlis einfordern, Zwicken usw. muss die Rangordnung zwingend zu Ihren Gunsten neu geklärt werden! Achten Sie darauf, Ihren Raum zu verteidigen und grundsätzlich das Pferd weichen zu lassen, zum Beispiel beim Ausmisten, Führen, Longieren. Konsequente Bodenarbeit mit vielen Weich-Übungen (Vorhand verschieben, Hinterhand verschieben, ganzes Pferd verschieben, rückwärts) ist ein guter Weg dazu.

Extrem ängstlich und schreckhaft

Ein rangniederes Pferd meldet dem ranghöheren durch Hochreißen des Kopfes und gebanntes Schauen in die Richtung der vermeintlichen Gefahr: »Ich sehe eine mögliche Gefahr«. Es flüchtet meistens (nicht immer!) erst dann, wenn das ranghöhere Pferd die Störung auch als Gefahr einschätzt und losrennt. Das konnte ich bei unseren Pferden an Silvester wieder sehr deutlich beobachten.

Das Wichtigste bei solchen Pferden ist, nicht wie gebannt das Pferd zu beobachten, was es gleich wieder Schreckliches macht, sondern ruhig im Programm weiterzumachen, das Ziel im Auge zu behalten und dem Pferd Aufgaben zu stellen, die es bewältigen kann.

Das Monster in der Hallenecke und andere Dauer-Schrecknisse im Pferdeleben

In manchen Mensch-Pferd-Beziehungen haben sich schon regelrechte Kriegsschauplätze manifestiert, vom Vorbeigehen an der Hecke mit den raschelnden Mördervögeln bis zum Überspringen eines pferdefressenden Wassergrabens. Haben Sie mit so einem Problem zu tun, sollten Sie sich folgendes klarmachen: Hier geht es nicht um Gewinnen oder Verlieren, um Durchsetzen oder Aufgeben; dies ist kein Kampf zwischen Mensch und Pferd.

Gehen Sie in sich, ob das Pferd vielleicht Ihr Verhalten spiegelt: Sind Sie genervt, erschrecken Sie bei plötzlichen Störungen, verspannen Sie sich und halten die Luft an? Hier geht es darum, gemeinsam eine Aufgabe zu bewältigen. Die Aufgabe heißt »Mein Pferd hat Bedenken, etwas zu tun.« Sie können ihm dabei helfen, seine Bedenken zu überwinden. Geben Sie ein gutes Beispiel durch Ihre ruhige Präsenz und fordern Sie vom Pferd immer wieder, sich mit der Aufgabe zu beschäftigen. Vertrauen Sie Ihrem Pferd, dass es das schaffen kann.

Der richtige Zeitpunkt für eine Pause vom Gruselhindernis ist immer dann, wenn das Pferd einen Ansatz von Entspannung oder Nachgeben zeigt. Im Extremfall kann es sogar die richtige Antwort sein, für heute aufzuhören, wenn das Pferd endlich das pferdefressende Monster bewusst anschaut, anstatt daran vorbeizuschauen!

Führen von vorne einrahmend.

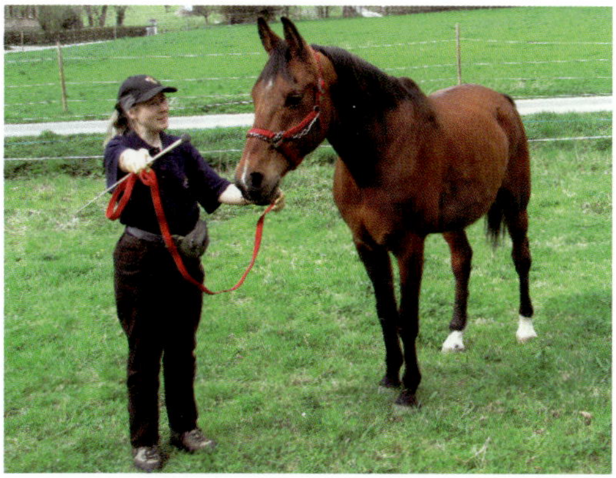

Sehr aufgeregtes Pferd möchte am liebsten nur rennen

Unterwegs in fremder Umgebung, ein neues, dauernd hüpfendes Pferd in der Reithalle oder ein Traktor mit Karacho von hinten – es gibt bei jedem Pferd Situationen, in denen es nur noch weg will. Ob es durchstartet, zur Seite springt oder in Hengstmanier neben einem piaffiert, immer besteht die Gefahr, dass die Situation eskaliert.

Bei Aufregung gilt: Je unruhiger und schneller das Pferd wird, desto ruhiger und langsamer wird der Mensch! Müde rennen lassen an der Longe oder freilaufend klappt in der Regel nicht. Gerade hochblütige Pferde rennen sich eher mit viel Schnorcheln und abrupten Stopps und Handwechseln erst recht in Panik und speichern den Ort oder die Situation dann als gefährlich ab.

In solchen Momenten lasse ich das Pferd anhalten, atme selbst hörbar aus und verlange von ihm einen Schritt rückwärts. Ich führe in der Dreiecksposition deutlich vor dem Pferdeauge, das Pferd von vorne schräg einrahmend. Danach geht es betont langsam ganz konzentriert weiter: zwei Schritte vorwärts (mit tiefer Stimme laut mitzählen), zwei Schritte rückwärts, drei Schritte vorwärts, drei Schritte rückwärts usw. Zwischendurch können Sie einzelne Schritte zur Seite einbauen und Vorhand und Hinterhand weichen lassen. Immer wieder halten und bewusst ausatmen. Zappelt das Pferd herum, lassen Sie immer nur kurz stehen und zählen zum Beispiel bis drei. Sobald es sich konzentriert und einen Ansatz von Mitarbeit zeigt, gibt es ein Leckerli und übertrieben viel »guuut, suuper«.

Dehnen Sie die Stehpausen langsam aus und lassen Sie das Pferd den Kopf senken (das sollte es in entspanntem Zustand schon gelernt haben). Eines der grundlegenden Ausbildungsziele ist einfach »nur«, Ihr Pferd jederzeit anhalten zu können und es so zu konditionieren, dass es sich dann entspannt.
Kann und mag das Pferd kleine Kunststückchen, können Sie zwischendurch eines abfragen, aber eher ruhige Sachen wie Beine kreuzen, keinen Spanischen Schritt oder etwas, das Aufregung erzeugt. Hauptsache beschäftigen und immer wieder eine Pause als Belohnung anbieten.

Mein Pferd mag keine Leckerli!

Moderne Ausbildungskonzepte basieren auf positiver Verstärkung durch Lob verknüpft mit einer Futterbelohnung. Was tun, wenn das Pferd keine Leckerli frisst?

Das ist nicht meine Marke ...

Die einfachste Lösung: Das Pferd mag ***diese*** Leckerli nicht. Probieren Sie, ob etwas anderes seinen Geschmack trifft: selbstgebackene Leckerli, Brotstückchen, Mohrrüben, Apfelstückchen, Kanne-Fermentgetreide-Barren, Lakritzleckerli, Pfefferminzbonbons ...?
Die Akzeptanz einer ungeliebten Leckerlisorte lässt sich manchmal durch Futterneid erstaunlich verbessern: Ein rangniedrigeres Pferd wird vor den Augen des Suppenkaspers mit den Leckerlis verwöhnt.

Introvertiertes Pferd

Extrem introvertierte Pferde trauen sich manchmal einfach nicht, dem ranghohen Menschen »sein Futter wegzunehmen« oder sie haben soviel Stress mit den Übungen, dass sie nicht fressen können. Meine Islandstute brauchte Jahre, sich auch nur einen halben Schritt in meine Richtung zu trauen, um sich dann mit langem Hals ein Leckerli abzuholen.
Bei diesen Pferden kann man die Futterdisziplin lockerer handhaben. Betteln kann sogar ein Zeichen von zunehmendem Vertrauen sein: Als meine Stute zum ersten Mal beim Paddock abmisten von sich aus zu mir kam und mich ganz vorsichtig mit der Nase anstupste, hätte ich vor Freude fast geweint. Für ihre Verhältnisse ist das geradezu frech! Wenn sie so »bettelt«, frage ich eine kleine Übung ab, (Beine kreuzen, Nase tief, Plié) und dann darf sie auch gern ein Leckerli haben.

Das Pferd ist nicht verfressen

Das angebotene Leckerli wird ignoriert, wieder ausgespuckt oder das Pferd dreht gar angewidert den Kopf weg.
War das Pferd bisher begeisterter Keksvernichter, prüfen Sie, ob sein Allgemeinbefinden beeinträchtigt ist. Vielleicht bahnt sich eine Kolik an oder es hat Kreislaufprobleme? Sind die Zähne in Ordnung? Öffnet man das Maul und zieht vorsichtig die Zunge auf eine Seite (siehe Kapitel 9), kann man mit der Taschenlampe nach Verletzungen des Zahnfleischs oder gar abgebrochenen Zähnen schauen. Beobachten Sie das Pferd auch beim Heu fressen, ob es normal kaut oder Heuröllchen ausspuckt. Spätestens dann ist es allerhöchste Zeit für den Pferdezahnarzt, der sowieso mindestens einmal jährlich zur Kontrolle kommen sollte.

Belohnung ohne Leckerli

Und wie motiviert man ein Pferd, das absolut keine Leckerli nimmt? Suchen Sie andere Belohnungsformen, die das Pferd mag – Kraulen an der Lieblingsstelle (oft Mähnenkamm oder Halsunterseite), begeistertes Stimmlob und/oder Pausen.

5

Spiel, Spaß und Spannung mit Pferden

5. Spiel, Spaß und Spannung mit Pferden

Zusammen macht's mehr Spaß

Ideen für Spiele und ganze Parcours überlegen, das Material besorgen und auf- und abbauen braucht Zeit und Energie. Gibt es an Ihrem Stall keine Mitspieler, fragen Sie doch in Ihrem Bekanntenkreis und treffen Sie sich an einem schönen Tag am Wochenende zum Üben. Gemeinsam mit anderen planen und spielen macht viel mehr Spaß, auch den Pferden!

Ideen für Spiele und Aufgaben

Der Mix muss stimmen! Im Parcours sollten sich Geschicklichkeitsübungen und Schreckhindernisse, schnelle und ruhige Passagen abwechseln. Und vielleicht fällt Ihnen noch eine lustige Einlage ein?
Ein paar Stangen und Pylonen gibt es in den meisten Reithallen, genug für einen kurzen Parcours, der schnell auf- und abgebaut ist:

Konzentrierte Kombination

(Zeichnung siehe unten) Schritt für Schritt geradeaus über das Stangen-W, nach jedem einzelnen Schritt halten. Kehrtvolte um Pylone A, in ein Stangendreieck hinein und rückwärts wieder heraus, 90-Grad-Vorhandwendung, rückwärts einrangieren, dann seitwärts über die erste Stange hin und zurück, im Trab zu Pylone B, Halten, Rückwärtsslalom um die Pylonen.

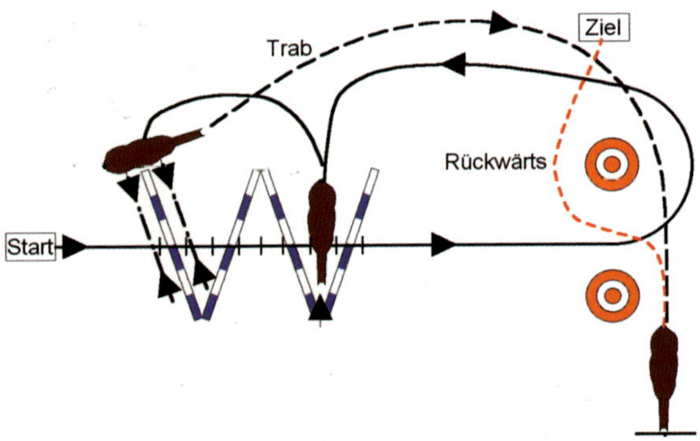

Kombination zum Wachwerden

Sie brauchen zwei Pylonen in größerem Abstand, eine einzelne Stange in größerem Abstand und einen Flattervorhang oder ein anderes Schreckhindernis.

Von Pylone A zu Pylone B in der Schaukel, Polka oder im Spanischen Schritt, an Pylone B halten, Pferd darf sie umwerfen und evtl. aufheben, dann Lob und Leckerli. Bis zur Stange im Trab, halten mit den Vorderbeinen über der Stange, seitwärts über die Stange, Vorhand- oder Hinterhandwendung. Als nächstes sollte ein Schreckhindernis folgen, Flattervorhang, Plane überqueren, Gasse des Schreckens usw. Zuckt das Pferd dabei mit keinem Ohr mehr, erhöhen Sie den Schwierigkeitsgrad, z. B. rückwärts durch den Flattervorhang, Wasser auf der Plane.

Flotte Kombination

(siehe Zeichnung Seite 53)
Zwei Sprünge über ein kleines Hindernis oder Cavaletti, geführt. Start bei Pylone B: Rückwärtsrichten bis Pylone A, im Schritt weiter zu Pylone B, dort antraben, Sprung, weitertraben bis Pylone C, Kehrtvolte im Schritt um Pylone C, antraben, Sprung, weitertraben bis Pylone B, dort in Schritt und bei Pylone A halten, bis zu Pylone B rückwärtsrichten.

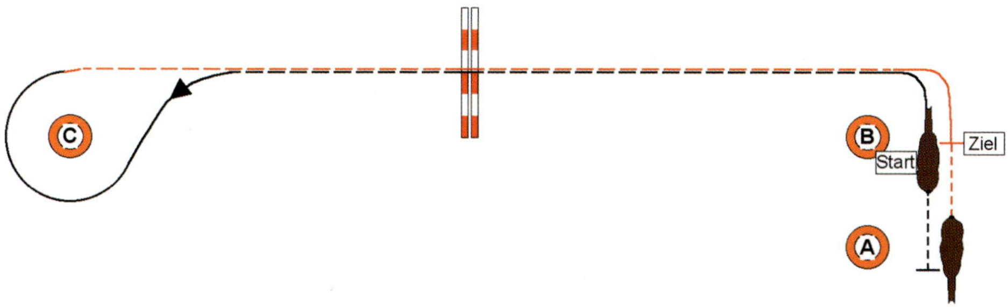

Tipps für die Teilnahme an Veranstaltungen

Für Freizeitreiter werden in vielen Regionen Deutschlands eine ganze Menge verschiedener Veranstaltungen angeboten. Suchen Sie sich für Ihren ersten Start eine Prüfung, die Ihnen und Ihrem Pferd voraussichtlich leicht fällt. Abseits vom gewohnten Übungsplatz sieht die Welt nämlich gleich viel gruseliger aus.

Der große Tag

Beladen Sie Auto und Hänger schon am Tag vorher und testen Sie Bremsen und Leuchten, dann vergessen Sie in der Aufregung morgens nichts. Denken Sie auch an einen Tränkeimer und zwei Kanister Wasser, damit Ihr Pferd die Nase nicht in den gleichen Bottich wie 20 andere Rotznasen stecken muss, und ein gefülltes Heunetz. Gerade am Anfang ist ein netter Helfer (auch Turniertrottel genannt) eine gute Sache. Vielleicht hat ja Ihr Partner oder ein Mädchen aus dem Stall Lust mitzufahren?

Gibt es zwischen den einzelnen Prüfungen oder bis zur Siegerehrung eine längere Wartezeit, fragen Sie vorher an, ob Sie auf einer Wiese einen Elektrozaun-Paddock aufstellen dürfen. Falls nicht, sollten Sie in den sauren Apfel beißen und das Pferd am Strick grasen lassen. Die meisten Pferde finden es schrecklich, stundenlang im Hänger angebunden zu warten.

Tipps für die Organisation einer Freizeitreiter-Veranstaltung

Möchten Sie selbst unter die Veranstalter gehen, brauchen Sie als erstes einen geeigneten Ort: Ein umzäunter Reitplatz mit regenfester Tretschicht und genügend Platz drumherum für wartende Pferde, Zuschauer und Parkmöglichkeiten für Autos und Hänger sind die Mindestanforderungen. Unverzichtbar sind engagierte Mitorganisatoren und einige verlässliche Helfer.

Für den Einstieg bietet sich eine eintägige Veranstaltung an, zum Beispiel ein Spiele- und Trailtag. Klappt das gut, können Sie sich im nächsten Jahr an ein Freizeitreiter-Wochenende wagen. Eine zweitägige Veranstaltung kann zum Beispiel eine Kombination von Orientierungsritt nach Karte oder Reiter-Rallye mit ausgeschilderter Strecke mit Aufgaben, Spielen und einem kniffligen Fragebogen rund ums Pferd und einem Spiele- und Trailtag sein. Jede Prüfung wird einzeln gewertet, so dass die Teilnehmer je nach Zeit, Lust und Können nur an einer, an mehreren oder allen mitmachen können.

Haftpflichtversicherung

Als privater Veranstalter ist eine (teure) Veranstalterhaftpflichtversicherung ratsam. Tritt Ihr Reitverein als offizieller Veranstalter auf oder sind Sie Mitglied in einem überregionalen Freizeitreitverein (VFD, ETCD etc.), ist die Veranstaltung in der Regel über die Vereinshaftpflicht abgesichert. Erkundigen Sie sich am besten rechtzeitig.

Terminwahl

Steht für das Event keine Reithalle zur Verfügung, legen Sie den Termin möglichst in die Frühlings- oder Herbstmonate. Bremsenplage und Sommerhitze im Juli und August, dazu Ferienzeit, schrecken die potenziellen Teilnehmer genauso ab wie die Aussicht auf waagerechten Schneeregen im Dezember. Fragen Sie frühzeitig bei anderen Veranstaltern jährlich stattfindender Events für die gleiche Zielgruppe nach ihren Terminen und wählen Sie ein anderes Wochenende. Sie wollen sich ja nicht gegenseitig die Teilnehmer abjagen!

Ausschreibung (Mustertext)

Beispiel: Ausschreibung Musterdorfer Freizeitreitertage vom 23.–24. Juni 20xx

Samstag, 23.06.20xx – Orientierungsritt

Orientierungsritt mit Aufgaben über ca. 15 km. Eine Farbkopie der topographischen Karte 1 : 50.000 mit der eingezeichneten Strecke wird zur Verfügung gestellt.

Der Ritt beginnt und endet an der Reitanlage. Gestartet wird in Gruppen von zwei bis vier Reiter/-innen in 10-Minuten-Abständen. Die Startzeit wird ca. eine Woche vorher bekanntgegeben. Auf der Anmeldung könnt ihr eure Wunschstartzeit eintragen, die wir bei der Einteilung so gut wie möglich berücksichtigen.

Euch erwartet eine ca. 15 km lange Strecke mit mehreren Stationen und Aufgaben, die nach Karte anzureiten sind. Die Strecke führt hauptsächlich durch den Wald, daher wird Hufschutz empfohlen. Bitte zweckmäßige Ausrüstung für einen mehrstündigen Ausritt mitnehmen (Hufkratzer, Halfter, Anbindestrick, Erste-Hilfe-Set, Taschenmesser, Regensachen ...). Wir weisen darauf hin, dass Knotenhalfter aus Sicherheitsgründen nicht zum Anbinden geeignet sind. Die Zeit, die ihr für die Strecken zwischen den Stationen benötigt, wird nicht gewertet – Punkte sammeln könnt ihr an den Stationen, bei

den Aufgaben und bei der Ausrüstung. An der Pausenstation gibt es für alle Teilnehmer/innen einen kleinen Imbiss und ein Getränk. Nach dem Ritt ist beim gemütlichen Beisammensein für euer leibliches Wohl gesorgt.
Bei der anschließenden Siegerehrung (Zeit wird noch bekanntgegeben) erhalten alle Starter/innen eine Stallplakette, für die erfolgreichsten Reiter/-innen gibt es Sachpreise.

Sonntag, 24.06.20xx – Trailtag

Classic Trail Beginn ca. 9.00 Uhr, Siegerehrung direkt nach der Prüfung
Der »klassische Westerntrail« (für Reiter aller Stile, keine Ausrüstungsvorschriften) – hier warten die typischen Trailaufgaben wie Stangen-L, Brücke, Tor usw. auf euch.
Überraschungstrail Beginn ca. 11.30 Uhr, Siegerehrung direkt nach der Prüfung
Hier sind Geschicklichkeit, gute Nerven und universelle Fähigkeiten von Pferd und Mensch gefragt. Der Überraschungstrail kann geritten oder geführt werden (getrennte Wertung).
Ride + Drive Kombitrail Beginn ca. 15.00 Uhr, Siegerehrung direkt nach der Prüfung
Die Prüfung für zwei Menschen und ein Pferd – die ultimative Herausforderung für nichtreitende Partner, sportliche Väter, Mütter oder Reiterfreunde. Reiter/in und Pferd können sich auch ohne nichtreitendes Gegenstück anmelden und vor Ort jemand Zweites suchen. Menschen dürfen zweimal teilnehmen, einmal als Reiter und einmal als Nichtreiter. Beispiel: Team 1: Mensch A + Pferd A + Mensch B. Team 2: Mensch B + Pferd B + Mensch A. Der nichtreitende Partner nimmt kostenlos teil!

Die Startzeiten der einzelnen Prüfungen können sich je nach Zahl der Anmeldungen noch ändern. Vorläufige Zeiteinteilung und Wegbeschreibung werden nach Anmeldeschluss per E-Mail oder Post verschickt.
Reiter/innen aller Reitweisen, Pferde und Ponys aller Rassen, Zuschauer und Helfer sind herzlich eingeladen!
Anmeldung schriftlich mit beiliegendem Formular und gegen Vorauskasse an:
Yvonne Musterfrau, Wiesenweg 11, 22222 Musterdorf
Anmeldeschluss: 30.06.20xx
Rückfragen per E-Mail: freizeitreitertage@pferde-mail.de

Startgeld Orientierungsritt
(incl. Imbiss und Getränk): xx €
Startgeld pro Trailprüfung: x €
Mindestalter der Pferde:

Orientierungsritt:	6 Jahre
Gerittene Trailprüfungen:	5 Jahre
Geführte Trailprüfung:	3 Jahre

Übernachtung für Pferde im Wiesen-Paddock mit eigenem Elektrozaun möglich (x €/Nacht).

Wir empfehlen das Tragen eines CE-EN 1384 geprüften Reithelms. Wer ohne Reithelm reitet, übernimmt die volle Verantwortung für sämtliche diesbezüglichen Folgen eines möglichen Unfalls. Für minderjährige Reiter/innen besteht Reithelmpflicht!
Das genannte Pferd muss am Veranstaltungstag gesund, frei von ansteckenden Krankheiten, geimpft und haftpflichtversichert sein.
Den Anweisungen des Veranstalters und seiner Beauftragten ist während der Veranstaltung Folge zu leisten. Dies entbindet die Teilnehmer jedoch nicht von ihrer Verantwortung für ihr Pferd, sich selbst und Dritte.
Dem Veranstalter ist es vorbehalten, ein Pferd wegen nicht passender Ausrüstung oder gesund-

heitlicher Risiken von der Veranstaltung auszuschließen. Im Zweifel entscheidet ein Tierarzt auf Kosten des Teilnehmers. Kann oder darf ein Teilnehmer an dieser Veranstaltung nicht teilnehmen, so verfällt die Teilnahmegebühr.
Mit Abgabe der schriftlichen Anmeldung erkennt der Teilnehmer die Bestimmungen dieser Ausschreibung verbindlich an.
Sollte eine der vorstehenden Regelungen unwirksam sein, so berührt dies nicht die Wirksamkeit der übrigen Regelungen.

Veranstalter: Pferdefreunde Musterdorf

Kosten

Da man nie vorher weiß, wie viele Teilnehmer sich anmelden, schätzen Sie die Zahl der Anmeldungen für den Anfang vorsichtshalber eher niedrig. Kalkulieren Sie im Vorfeld, welche Kosten auf Sie zukommen: Hindernisse und Spielezubehör, Kopien, Ausdrucke, Teilnehmerschleifen, Genehmigungen, Rotes Kreuz, Partyzelt usw. Runden Sie für Unwägbarkeiten etwas auf, damit am Ende wenigstens Null auf Null herauskommt oder sogar ein kleiner Beitrag für die Vereins- oder Hofkasse übrigbleibt. Dann legen Sie den Gesamtbetrag auf die geschätzte Teilnehmerzahl um.
Läge die Anmeldegebühr über dem in Ihrer Region üblichen Durchschnitt, versuchen Sie, die Kosten zu reduzieren, zum Beispiel durch Sachspenden der Vereinsmitglieder (vom Kuchen bis zur selbstgebastelten Stallplakette). Eine noch unbekannte Veranstaltung mit hoher Anmeldegebühr wird garantiert keine Scharen von Teilnehmern anziehen!

Von Essensverkauf bis Dixieklo

Am einfachsten ist es, wenn Sie auf die gewohnte Veranstaltungsinfrastruktur eines Vereins oder großen Hofes zurückgreifen können. Oder vielleicht hat eine benachbarte Gaststätte Interesse, einfache und günstige Essen anzubieten? Dann ist auch das Toilettenproblem gelöst, falls Sie wie viele kleine Privatställe keine eigene haben. Notfalls gibt es eben neben dem Reitplatz belegte Brötchen und ein paar Kisten Getränke, Kaffee und Kuchen und eine mobile Leihtoilette (»Dixieklo«), die nach der Veranstaltung wieder abgeholt wird. Bierbänke kann man oft vom Getränkehandel leihen. Für das hoffentlich nicht eintretende schlechte Wetter ist ein ausreichend großes Partyzelt vom Zeltverleih praktisch, falls Ihr Stall kein passendes Reiterstübchen zu bieten hat.

Verantwortliche Organisatoren

So eine komplexe Aufgabe kann ein Mensch alleine kaum schaffen. Ideal ist ein Team aus drei bis vier Menschen, die sich respektieren und gut verstehen. Frühzeitig, einige Monate vor dem Termin, sollte eine klare Verteilung der Aufgaben und Verantwortlichkeiten festgelegt werden. Wenn sich das Organisatorenteam regelmäßig trifft, über den Stand der Dinge austauscht und gemeinsam nach Problemlösungen sucht, dürfte bei Ihrer Veranstaltung (fast) nichts mehr schiefgehen!

Richter

Für einen Freizeitreiterwettbewerb ohne besondere Regeln reicht ein erfahrener Pferdemensch (w/m). Wir haben gute Erfahrungen damit gemacht, für jede Prüfung eine(n) Verantwortliche(n) festzulegen, die/der den Parcours oder das Spiel entwickelt, die Parcoursskizze zeichnet, den Bewertungsbogen entwirft und dann auch richtet. Damit bleibt alles in einer Hand, so dass Missverständnisse bei der Bewertung erst gar nicht aufkommen können.
Bei FN-Veranstaltungen nach WBO oder GHPs ist ein offizieller Richter vorgeschrieben, das Gleiche gilt für nach Reglement ausgeschriebene und bei

der EWU oder einem der großen überregionalen Zuchtvereine angemeldete Westernturniere. Oberster Grundsatz bei der Planung, Durchführung und Bewertung der Prüfungen sollen in jedem Fall Tierschutz und das harmonische Miteinander von Pferd und Reiter oder Pferdeführer sein.

Bewertungen

Fehler sind dazu da, um aus ihnen zu lernen und es beim nächsten Mal besser zu machen. Deshalb entwerfen wir für jede Prüfung einen detaillierten Bewertungsbogen mit vorgegebenen Punktzahlen zum Ankreuzen und genug Platz für Bemerkungen. Die vorgegebenen Punkte machen es leichter, jeden Teilnehmer nach den gleichen Kriterien zu bewerten. Für eine besonders harmonische Vorstellung und guten Umgang zum Beispiel mit einem ängstlichen Pferd gibt es Extrapunkte. Grobes Verhalten gibt Minuspunkte, wird es unfair oder zuviel für das Pferd, lasse ich den Teilnehmer die Prüfung abbrechen.

Die Bewertungsbögen werden den Teilnehmern bei der Siegerehrung ausgehändigt. Das schafft Transparenz und dadurch meistens nur wenige Rückfragen und Kritik an der Punktevergabe.

Helfer

Ein leidiges Thema ist, genügend freiwillige Helfer für den Aufbau, Parcoursdienst, Brötchen schmieren, Bewirtung, Parkplatzeinweisung der Hänger-

Beispiel Bewertungsbogen Freizeitreitertage – Schrecktrail

	Ausführung der Aufgabe	*Mögliche Punkte*	*Erreichte Punkte*
Flattervorhang durchqueren	*ohne Zögern im Schritt ruhig durchquert*	*3*	
	1 x kurz Zögern, geht dann ruhig im Schritt durch	*2*	
	fluchtartiges Verlassen des Hindernisses	*1*	
	ohne Zögern im Trab/Tölt ruhig durchquert	*4*	
	1 x kurz Zögern, geht dann ruhig im Trab durch	*2*	
	ohne Zögern im Galopp	*5*	
	bremst, geht nach kurzem Zögern in langsamerer Gangart durch	*2*	
	längeres Zögern, geht dann durch (Gangart egal)	*1*	
Bobbycar ziehen	*zieht Bobbycar ruhig im Schritt von Punkt zu Punkt*	*3*	
	kurzes Erschrecken, dann ruhig im Schritt	*2*	
	Pferd springt zur Seite oder rennt los, Reiter/Pferdeführer pariert ohne grobe Einwirkung zum Schritt, Bobbycar erreicht Zielpunkt	*1*	
	Pferd rast los, Bobbycar muss losgelassen werden	*0*	

Beispiel Bewertungsbogen Freizeitreitertage – Schrecktrail

	Ausführung der Aufgabe	Mögliche Punkte	Erreichte Punkte
Regenschirm aufspannen	Pferd bleibt beim Öffnen des Schirms gelassen stehen, geht ruhig im Schritt zum Zielpunkt	3	
	Pferd erschrickt kurz beim Öffnen des Schirms, geht dann ruhig im Schritt zum Zielpunkt	2	
	Pferd springt beim Öffnen des Schirms zur Seite und geht sichtlich angespannt mit Schirm zum Zielpunkt	1	
	Pferd hat große Angst, Schirm muss weggeworfen werden	0	
Cavaletti überqueren	ohne Zögern im Schritt überquert	3	
	ohne Zögern im Trab überquert	4	
	1 x kurzes Zögern = 1 Punkt Abzug		
	längeres Zögern = 2 Punkte Abzug		
	ohne Zögern im Galopp übersprungen	5	
	kurzes Zögern, dann Sprung aus der Bewegung	4	
	kurzes Zögern, dann Sprung aus dem Stand	2	
	verweigert, im 2. Anlauf Sprung aus Galopp	1	
	verweigert, im 2. Anlauf im Schritt oder Trab überquert	0,5	
Glocke läuten	Pferd geht ohne Zögern zur Glocke und bleibt beim Läuten gelassen stehen	3	
	Pferd zögert 1 x kurz oder zuckt beim Läuten kurz zusammen	2	
	längeres Zögern oder Wegspringen beim Läuten	1	
Wassergraben	ohne Zögern im Schritt ruhig durchquert	3	
	1 x kurz Zögern, geht dann ruhig im Schritt durch	2	
	fluchtartiges Verlassen des Hindernisses	1	
	längeres Zögern, steht eine Weile, geht dann durch Graben	1	
Ball werfen	Pferd bleibt gelassen stehen	3	
	Pferd zuckt kurz zusammen, bleibt aber gehorsam stehen	2	
	Pferd springt weg, Ball kann aber gehalten und geworfen werden	1	
	Gesamtpunktzahl	25	

fahrer usw. zu finden. Es hat sich bewährt, potenzielle Kandidaten frühzeitig persönlich anzusprechen und bei einer Zusage zu fragen, ob sie noch Mann, Kind, Freund oder Freundin mitbringen können. Schicken Sie den Helfern auch eine Zeiteinteilung und fragen Sie vorsichtshalber kurz vor dem Termin nach, ob es bei der Zusage bleibt.

Ehrensache, dass Sie sich bei der Siegerehrung ausdrücklich bei den fleißigen Heinzelmännchen bedanken und ihnen einen Extra-Applaus von den Teilnehmern zukommen lassen! Kennen sich die meisten Helfer untereinander und sind dem Hof oder dem Verein verbunden, können Sie am folgenden Wochenende mit den restlichen Getränken ein Helferfest steigen lassen. Das fördert den Zusammenhalt ungemein, und Sie dürfen auch im nächsten Jahr wieder anfragen, »Könntest du vielleicht ...«

Unterbringung von Pferden und Reitern

Schon bei eintägigen Veranstaltungen sollten Sie einige fertige Paddocks und eine Wiese anbieten, wo die Teilnehmer selbst Elektrozaunpaddocks zum »Zwischenparken« ihrer Pferde aufstellen können, um die Wartezeit zwischen zwei Prüfungen oder bis zur Siegerehrung zu überbrücken. Bei mehrtägigen Events können die Pferde darin auch übernachten. Dann sollten Sie entweder Heu und Wasser bereitstellen oder in der Ausschreibung vermerken, dass Futter und Wasser selbst mitzubringen sind.

Sicherheit

Bei größeren Teilnehmerzahlen und einer offiziell ausgeschriebenen Veranstaltung sollte ein Sanitätsdienst vor Ort sein und die Arzt- und Tierarztbereitschaft, evtl. auch ein Hufschmied, abgesprochen sein.

Genehmigungen

Sobald die Veranstaltung außerhalb des Hofgeländes stattfindet, brauchen Sie für die Strecke möglicherweise eine Genehmigung. Fragen Sie am besten rechtzeitig bei der Gemeinde und beim zuständigen Forstamt nach.

Schleifen, Stallplaketten und Preise

Turnierschleifen, am besten mit Namen und Jahr der Veranstaltung bedruckt und für Streckenritte Stallplaketten mit zusätzlich dem Vereins- oder Veranstaltungslogo oder einer witzigen Pferdezeichnung à la Thelwell sind auch bei Freizeitreitern begehrte Trophäen. Bitten Sie beim örtlichen Reitartikelgeschäft, Futterladen, Apotheke, Krankenkasse usw. um Sachpreise für die Platzierten und bieten Sie im Gegenzug an, während der Veranstaltung Werbung für die Spender zu machen, z. B. durch ausgelegte Prospekte und eine Danksagung bei der Siegerehrung.

Presse- und Öffentlichkeitsarbeit

Werben für Ihre Veranstaltung können Sie in Pferdezeitschriften, auf Pferdeseiten im Internet, bei Facebook, mit Rundmails an Bekannte mit der Bitte um Weiterleitung, Aushänge in Ställen und Vereinen usw. Regionale Tageszeitungen sind wegen der kurzfristigen Berichterstattung eher für die Zuschauerwerbung geeignet. Schreiben Sie nach der Veranstaltung einen kompakten, stimmungsvollen Bericht mit ein paar schönen Fotos und schicken ihn an die Lokalredaktion. Oft hat man Glück und der Artikel erscheint einige Zeit später als Lückenfüller. So wird die Veranstaltung in der Region bekannter und zieht im nächsten Jahr mehr Teilnehmer an.

6 Freiarbeit

6. Freiarbeit

Was ist eigentlich Freiarbeit?

»Freiarbeit« bedeutet, der Mensch hat keine materielle Verbindung in Form eines Führseils, Longe o.ä. zum Pferd und beide interagieren trotzdem miteinander. Wenn Sie Ihr Pferd aus der Box holen und es tappt völlig frei ohne Halfter und Führseil hinter Ihnen her zum Putzplatz, ist das freies Folgen – auch schon eine einfache Form von »Freiarbeit«.

Anspruchsvollere Freiarbeit geht nach meiner Definition eher in Richtung Horse Agility – das heißt, das Pferd ist sehr aufmerksam und folgt jedem Fingerzeig, wechselt das Tempo, bewältigt ein Hindernis, lässt sich durch einen Slalom aus Pylonen schicken, während ich geradeaus laufe, geht gemeinsam mit mir (und neben mir) rückwärts usw. Also deutlich anspruchsvollere Aufgaben als »Hinterherdackeln« vom Stall zum Putzplatz. Das ist bei den meisten Pferden keine große Sache, da sie sich über die Abwechslung freuen. Wenn Sie dabei abrupt anhalten, kann es sein, das Pferd trampelt in Sie rein, weil es nicht konzentriert ist.

Gemeinsam frei unterwegs

Bereiten Sie das Pferd in kleinen Schritten auf die Freiarbeit vor: Erst den Führstrick immer länger werden lassen, also den Abstand zum Pferd vergrößern. Dabei werden Sie bemerken, dass Folgen und Ausbremsen/Stehenbleiben mit Ihrer Position zum Pferd zusammenhängen. Eine Position eher vor dem Pferdeauge wirkt bremsend, eine Position eher hinter dem Pferdeauge treibend.
Etablieren Sie beim Führen am (ca. 4 m) langen Seil klare Körpersprachsignale und Stimmsignale, die später auch bei der Freiarbeit helfen, z. B. Signale für Herkommen, Weichen, zeigen, wohin das Pferd laufen soll, Antraben, Bremsen, Rückwärts usw.

Freiarbeit braucht sehr viel Konzentration bei Pferd und Mensch und sollte daher immer erst nach einer Aufwärmphase beginnen, in der Mensch und Pferd sich gemeinsam auf die Arbeit eingestimmt haben. Bei meiner Stute dauert es etwa zehn Minuten, bis sie richtig zündet und bei der Sache ist. Sie ist eher der bedächtige Typ, der durch wachsendes Tempo

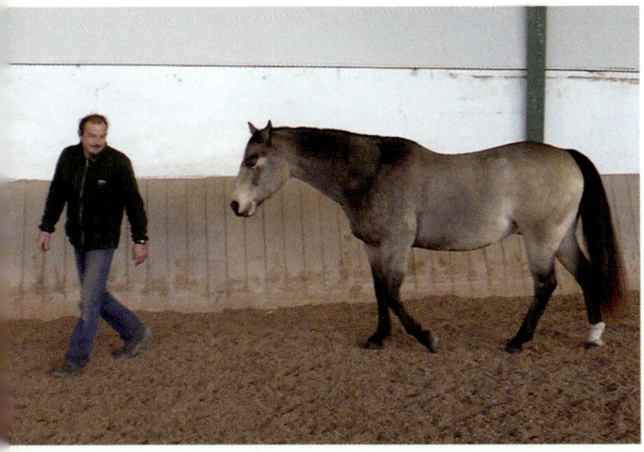

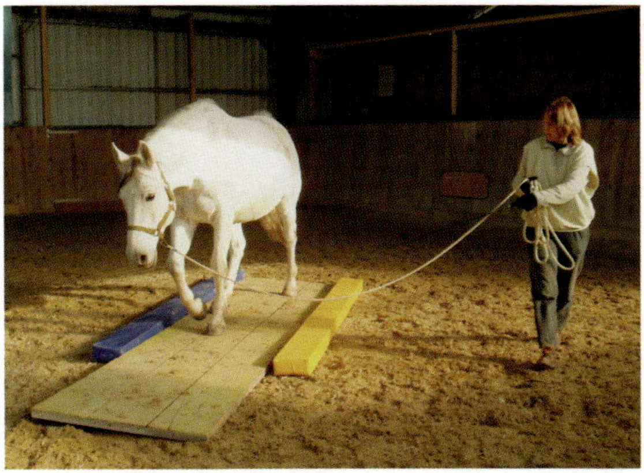

und Tempiwechsel und viel Lob erst in Arbeitslaune kommen muss. Wenn sie so richtig eifrig wird, ist der richtige Zeitpunkt für Freiarbeit. Hampelfritzen muss man zunächst »erden«, also durch ruhige, aber anspruchsvolle Aufgaben zur Konzentration bringen. Die freie Arbeit sollten Sie rechtzeitig beenden, bevor die Konzentration und die Lust mitzuarbeiten nachlassen (etwa zehn Minuten ...).

Kommando »Komm« aus der Entfernung etablieren

Pferde gehen wegen ihrer seitlich liegenden Augen normalerweise nicht frontal aufeinander zu, sondern leicht seitlich versetzt, so dass sie sich nur mit jeweils einer Schulter gegenüberstehen. Sind sie sich fremd oder haben sich eine Weile nicht gesehen, treffen sich die Nasen, um den Geruch des anderen aufzunehmen. Dieses Beschnüffeln können wir gut mit der Hand an der Pferdenase imitieren.

Der erste Kontakt mit einem frei aufgewachsenen Jungpferd: Lavena und ich stehen uns seitlich versetzt gegenüber, die rechte Menschenschulter zeigt auf die rechte Pferdeschulter, die Pferdenase nimmt Kontakt mit der ausgestreckten Hand auf.

Stellen Sie sich anfangs nur in etwas mehr als Armlänge vom Pferd entfernt auf und kramen Sie auffällig in Ihrer Leckerlitasche. Dazu geben Sie das Stimmkommando »komm«. Macht es einen Schritt auf Sie zu, loben Sie sofort begeistert und geben ein Leckerli.

Soll das Pferd nach einiger Zeit aus größerer Entfernung zu Ihnen kommen, geben Sie beim ersten Schritt in Ihre Richtung ein begeistertes Stimmlob. Den Rest der Strecke wird das Pferd wahrscheinlich freudig zurücklegen, um sich die Belohnung abzuholen. Notfalls beugen Sie sich vor oder gehen dem Pferd einen Schritt entgegen, um das Leckerli zu füttern. Kommt das Pferd ungerufen und fängt an zu betteln oder Sie anzuknabbern, schicken Sie es energisch weg (Bild unten rechts).

Introvertierte Pferde trauen sich oft nicht, direkt auf den ranghöheren Menschen zuzugehen. Drehen Sie sich so deutlich vom Pferd weg, dass Sie in eine andere Richtung schauen und halten Sie das Leckerli in der seitlich ausgestreckten Hand. Stehen Sie so nah am Pferd, dass das Leckerli nur einen Minischritt entfernt ist.

Nebeneinander statt hinterher

Aus dem freien Folgen soll jetzt ein »Schulter an Schulter« werden: Eine Möglichkeit ist, dem Pferd beizubringen, Ihrer Hand zu folgen. Zuerst führen Sie noch mit Seil und achten darauf, dass die Pferdenase auf Handhöhe bleibt. Bleibt das Pferd zurück, machen Sie durch Fingerschnippen wieder auf Ihre Hand aufmerksam und treiben es mit der anderen Hand mit der Gerte nach. Möchten Sie die Richtung wechseln, drehen Sie Ihre Schultern schon vor dem Abbiegen in die neue Richtung und geben das Kommando »komm«. Folgt das Pferd in die Biegung, gibt es Stimmlob und Leckerli. Bei systematischer positiver Verstärkung klappt das bald zuverlässig.

Zum gemeinsamen Losgehen geben Sie das gewohnte Stimmsignal und bewegen sich dabei ein bisschen selbst auf der Stelle, bevor Sie loslaufen. So hat das Pferd Zeit genug, aufmerksam zu werden und zu reagieren.

Die nächsten Übungsschritte sind Schulter an Schulter im Trab und evtl. Galopp und Halten und Warten, während man selbst vorausläuft. Das Pferd sollte auf Kommando herkommen, sich vorausschicken lassen und man sollte den Abstand vergrößern und verkleinern können. Klappt das alles, können Sie an Agility denken.

Mein Schatten und ich?

Ich persönlich möchte ein Pferd, das beim Putzen und Hantieren um es herum stehenbleibt und nicht dauernd rumhampelt und überlegt, ob und was es jetzt tun soll. Darum erziehe ich Pferde bewusst so, dass sie mir nicht wie ein Schatten folgen, sondern am Platz stehenbleiben und abwarten und mir nur nach Aufforderung folgen.

Der Weg zum Horse Agility

Horse Agility ist angelehnt an das bekanntere Dog Agility: ein Parcours mit mehreren Hindernissen, die das Pferd auf Fingerzeig in flottem Tempo hintereinander absolviert.
Die exakte Körpersprache des Menschen ist beim Horse Agility entscheidend: Bei Hindernissen, die Schwung brauchen, müssen Sie selbst Energie ausstrahlen, bei ruhigen rechtzeitig herunterfahren und sich selbst im Zeitlupentempo bewegen.

Gassen – ein vielseitiges Hilfsmittel

Als Einstieg hat sich bewährt, das Pferd im Schritt durch eine Abfolge von Gassen gehen zu lassen. Beginnen Sie mit einer Gasse, durch die Sie das Pferd zuerst am langen Seil und dann frei schicken. Der Abstand zwischen den Stangen der Gasse darf ruhig 1,5–2 m sein. Zusätzliche Fänge oder ein Stangentrichter als Hinleitung zur Gasse machen es dem Pferd leichter, das Hindernis zu treffen.

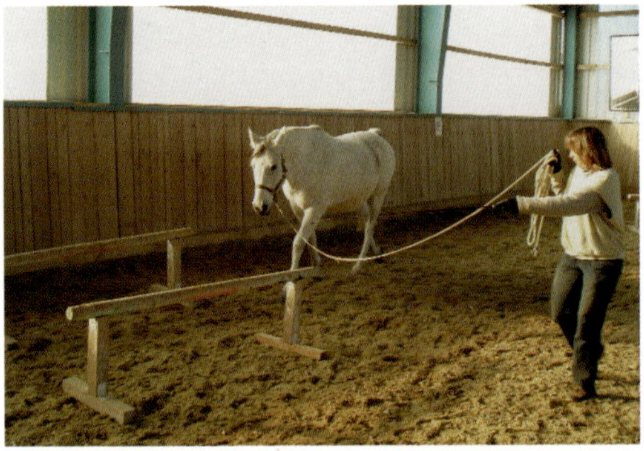

Ideen für Hindernisse

Stangenhindernisse zum Übersteigen
Schwere Version: Stangenmikado

Hindernisse zum Darüberlaufen:
Brücke und Wippe
Schwebebalken
Teppichstücke, Isomatte, Plane

Hindernisse zum Durchlaufen:
Gasse des Grauens
Flattervorhang
Torbogen

Sprünge:
Cavaletti
Strohballen
Ring

Sonstiges:
Ball aus der Gasse kicken
Slalom um Pylonen oder Autoreifen

Nun bauen Sie im Anschluss an eine Gasse ein leichtes Hindernis auf, zum Beispiel eine Stange zum Übersteigen. Nehmen Sie nach und nach immer mehr Hindernisse in den Gassen hinzu. Die Gassen sollten anfangs immer an derselben Stelle liegen und die Parcoursabfolge einfach nur außen herum auf der ganzen Bahn. Die nächste Steigerung ist eine Gasse an der Diagonale oder eine Acht auf der ganzen Bahn mit Handwechsel.

Hindernisse für das Horse Agility

Geeignet ist alles, was im Fluss überwunden werden kann, also überwiegend Vorwärts-Hindernisse. Bei fortgeschrittenen Pferden können Sie auch mal ein Stückchen rückwärts durch eine Gasse einbauen, Hin- und Herwippen auf der Wippe oder seitwärts über eine Stange.

Freie Übungen

Links sehen Sie einige Rückwärts- und Seitwärts-Übungen für die freie Arbeit.

Frei durch den Flattervorhang

Das Pferd sollte den Flattervorhang geführt schon kennen. Jetzt beginnen Sie wieder ein paar Schwierigkeitsgrade leichter und lassen anfangs nur außen einen oder zwei Streifen herunterhängen. Stellen Sie sich direkt hinter den Flattervorhang und rufen Sie Ihr Pferd zu sich. Jetzt locken Sie das Pferd mit viel Lob und Leckerli durch den Flattervorhang. Klappt das gut, nehmen Sie nach und nach mehr Streifen von außen dazu, so dass in der Mitte noch eine Öffnung zum Kopf durchstecken bleibt, die irgendwann auch noch geschlossen wird.

Nur Pferd-/Mensch-Paare, die ein wirklich geklärtes Verhältnis zueinander haben, sollten sich an solche wilden »Hengstspielchen« wagen.

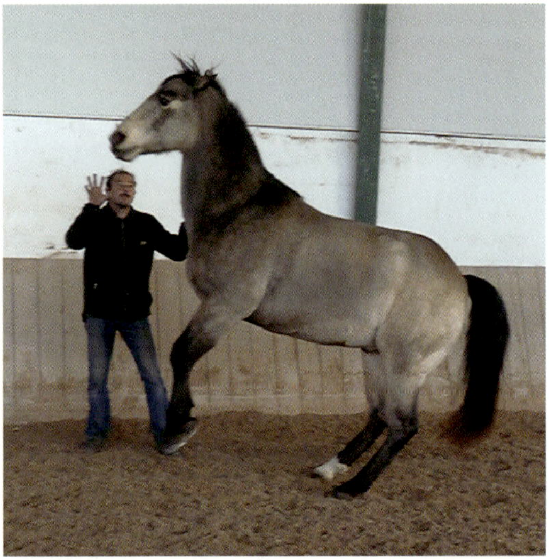

7

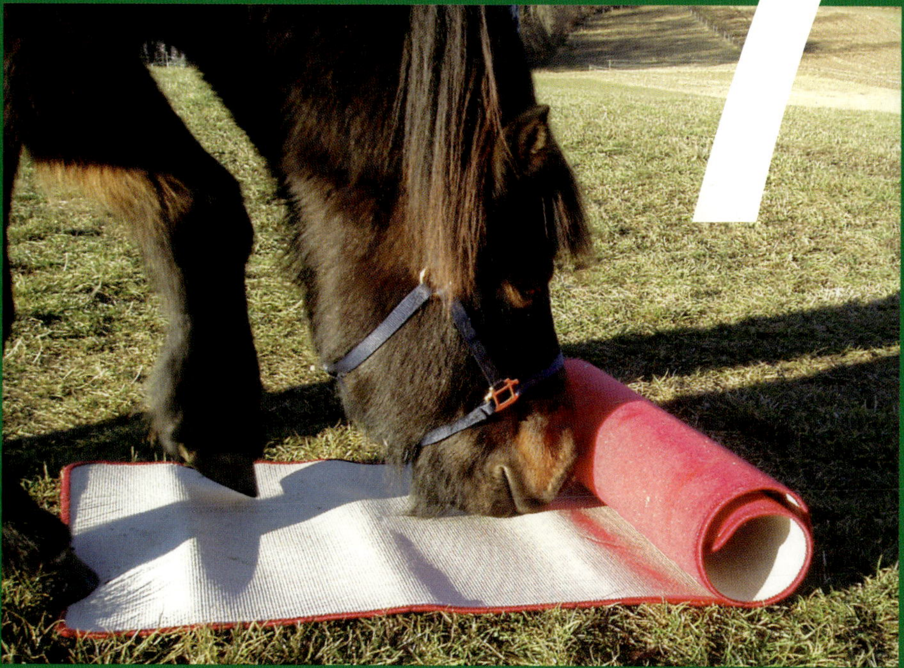

Kleine Kunststücke

7. Kleine Kunststücke

Wenig Zeit heute, keine Lust zum Putzen, nur schnell was für den Kopf des Pferdes und die Pferd-Mensch-Beziehung tun? Ihr Pferd ist verletzt und darf sich nur kontrolliert bewegen? Ein Pferd, das Boxenruhe hat oder nur wenige Minuten am Tag im Schritt geführt werden darf, langweilt sich fürchterlich. Ihr Pferd findet das ewig gleiche Training in einer Spezialdisziplin zum Gähnen? Ihr Pferde-Senior kann nicht mehr oder nur noch leicht geritten werden und lechzt nach Beschäftigung und Bestätigung? Und das neugierige Jungpferd macht sowieso gerne jeden Quatsch mit?

Die Lösung für all diese Kandidaten sind nette kleine Kunststücke, die keine oder nur wenige Requisiten erfordern und notfalls in der Box oder im Paddock geübt werden können.

Vorderbeine kreuzen

(Bild unten) Pferde, die schon Seitengänge am Boden oder unter dem Reiter können, lernen diese Übung normalerweise in wenigen Einheiten. So geht's:

Beginnen sie mit der Seite, die dem Pferd leichter fällt. Wo es besser flutscht erkennen Sie, wenn Sie das Pferd an der Hand ein paar Schritte seitwärts weichen lassen. Mit der Zeit sollte das Pferd diese Übung von beiden Seiten lernen.

Stellen Sie sich so neben ihr Pferd, dass Ihre Beine neben den Vorderbeinen des Pferdes stehen. Halten Sie ein paar Leckerli fütterfertig in der vom Pferd abgewandten Hand. Nun heben Sie übertrieben Ihr äußeres Bein, überkreuzen es in Richtung des Pferdes und tippen Sie vorsichtig mit dem Fuß solange gegen den Ihnen zugewandten Huf, bis es das Vorderbein bewegt. Tut es das, gibt es begeistertes Lob, Leckerli.

Passiert auf Antippen noch nichts, können Sie leicht gegen die Pferdeschulter drücken, damit das Pferd sein Gewicht auf die äußere Seite verlagert und dadurch das innere Bein leichter anhebt.

Um dem Pferd das Beinekreuzen zu zeigen, gibt es zwei Möglichkeiten. Bei eher leichtfüßigen, sensiblen Pferden: Wenn das Pferd auf Antippen das Vorderbein hebt, geben Sie einen Seitwärtsimpuls mit dem Finger an die Schulter oder verschieben wahlweise mit dem eigenen Fuß den entlasteten Huf des Pferdes zur Seite. Beim kleinsten Ansatz zum seitlichen Schritt sofort loben und Leckerli geben und gleichzeitig das verbale Kommando (»Kreu-zen«).

Die wenigsten Pferde werden das Bein gleich so weit zur Seite bewegen, dass die Beine überkreuzt sind. Zu Beginn meist maximal vor den anderen Huf. Das reicht für den Anfang, da das Pferd erst lernen muss, in dieser Position sein Gleichgewicht zu halten. Je öfter man die Übung wiederholt, desto ausbalancierter wird das Pferd und überkreuzt dann immer weiter.

Bei bodenständigen Pferden, die sich nicht so leicht bewegen lassen, z. B. viele Ponyrassen und schwere Warmblüter: Hebt das Pferd auf Antippen das Vorderbein, fassen Sie das Bein am Fesselgelenk und stellen es an der gewünschten Position wieder ab, dann sofort Lob und Leckerli. Setzen Sie das Bein anfangs nicht zu weit seitlich gekreuzt ab, sondern eher vor dem Standbein, da es vielen Pferden unangenehm ist und sie fürchten, aus dem Gleichgewicht zu kommen.

Die meisten Pferde stellen das Bein schnell wieder zurück oder machen einen Seitwärtsschritt mit dem anderen Vorderbein. Damit das Pferd das Ziel der Übung versteht, müssen Sie das Leckerli unbedingt schnell genug geben, bevor es das Bein zurückbewegt! Notfalls halten Sie das Bein kurz an der richtigen Stelle fest, und geben begeistertes andauerndes Stimmlob, bis das Pferd das Leckerli im Maul hat. Oder Sie bitten einen Helfer, das angehobene Bein in die Hand zu nehmen und vorsichtig zur Seite zu stellen.

Will das Pferd das Bein absolut nicht abstellen, üben Sie, das Bein auf Kommando hochzunehmen wie für das Hufeauskratzen und bewusst wieder abzustellen mit dem Kommando »ab«. Diese Übung ist auch sehr nützlich, wenn das Bein bandagiert oder verbunden werden soll.

Nimmt das Pferd kein Gewicht auf dem gekreuzten Bein auf, können Sie es leicht an der Schulter anschubsen. Nützlich dafür und auch für andere Zwecke ist, wenn das Pferd das Kommando »ab« für bewusstes Hufabstellen gelernt hat.

Prompte Belohnung ist bei neuen Übungen besonders wichtig!

Je länger die Pferdebeine, desto leichter fällt das Kreuzen. Muscat macht bald Lucky Lukes Jolly Jumper Konkurrenz!

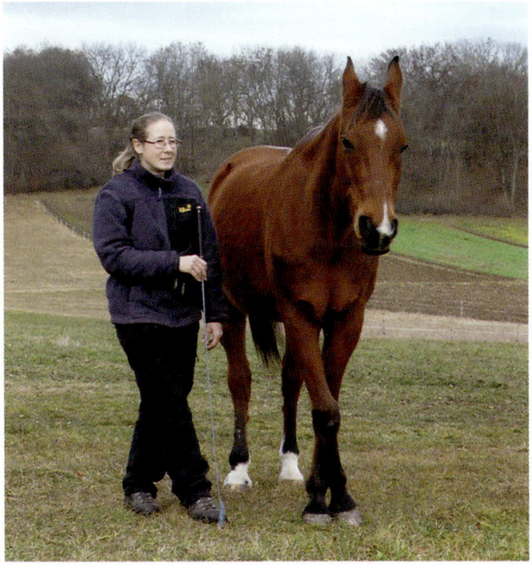

Die Übung wird immer aufgelöst, indem das Pferd das Spielbein wieder zurück in die Ausgangsposition neben dem Mensch stellt. Dazu entknoten Sie Ihre eigenen Beine wieder mit einer übertrieben hohen Bewegung und locken es mit dem Kommando »komm« und einem Leckerli zu sich. Notfalls legen Sie eine Hand auf den Widerrist und ziehen das Pferd ein bisschen in Ihre Richtung. Um nicht umzufallen, muss das Pferd dann einen Ausfallschritt auf Sie zu machen.

Variationen

Stellen Sie sich gegenüber von Ihrem Pferd auf und lassen es als Spiegelbild kreuzen: Zum Kreuzen Ihrer Beine machen Sie einen überdeutlichen Schritt, tippen gleichzeitig das Pferd mit der Gerte an der Schulter auf der Seite, wo es weichen soll und geben Sie das Kommando »kreuzen«. Kreuzen Sie nach links, wird die linke Pferdeschulter getippt (also die Schulter in Ihrer Blickrichtung rechts). Mit der Zeit reicht Ihr deutlich gekreuzter Schritt und das Stimmkommando.

Das Kreuzen lässt sich zu einem »Tanz mit dem Pferd« erweitern, indem Sie immer mehr Schritte machen und das Pferd folgen lassen. Drei Schritte nach links, zwei nach rechts und dann vielleicht rückwärts oder eine Drehung? Bitte dabei viel Lob und Leckerli nicht vergessen und öfter Pausen machen!

Teppich ausrollen

Dieses Kunststück ist schnell gelernt und bestens auch für fußkranke Pferde geeignet. Sie brauchen nur einen dreiviertel aufgerollten (alten) Teppichläufer oder ein längliches Stück Teppichboden. Zeigen Sie dem Pferd ein Leckerli und legen es vor seinen Augen auf das ebene Stück Teppich. Die nächsten Leckerlis wandern immer weiter an das aufgerollte Stück und schließlich hinein. Ist das Pferd zum Ausroll-Profi geworden, können Sie schon beim Zusammenrollen alle paar Zentimeter ein Leckerli verstecken.

Variation

Karton aufmachen

Plié

Das Plié, auf deutsch Verbeugung, wird mit nach vorne gestreckten Vorderbeinen ausgeführt, wobei der Schwerpunkt des Körpers nach hinten verlagert wird und das ganze Pferd dadurch näher zum Boden kommt. Der Kopf wird zwischen den Vorderbeinen bis knapp über den Boden geführt.

Der Weg in die Tiefe

Stellen Sie sich neben das Pferd und locken es mit einem Leckerli in der Hand mit der Nase in Richtung Pferdebrust. Das Pferd soll dabei den Hals runden, um die Genickmuskulatur zu dehnen. Üben Sie diese Bewegung ein paar Mal hintereinander.

Um die Pferdenase weiter nach hinten-unten zu locken, nehmen Sie Leckerli in beide Hände. Die erste Hand lockt den Kopf bis zu den Vorderbeinen, die zweite Hand greift von hinten nach vorne zwischen den Vorderbeinen durch und füttert langsam immer weiter nach hinten. Für das Füttern zwischen den Vorderbeinen sind lange Möhrenstücke besser als kleine Leckerli, da manche Pferde ziemlich rabiat nach der für sie unsichtbaren Belohnung schnappen.
Achten Sie darauf, dass die Vorderbeine Ihres Pferdes gestreckt bleiben. Verlangen Sie immer nur soviel Dehnung, wie das Pferd ohne einzuknicken schafft und lösen Sie die Übung möglichst langsam wieder auf. Auf dem Foto ist gut zu sehen, wie sich der Rücken des Pferdes bis zur Lendenwirbelsäule aufwölbt. Mit dieser Übung erreichen Sie eine maximale Dehnung der ganzen Oberlinie.

Nun soll das Pferd ein Kommando für die Verbeugung lernen, so dass es nicht mehr heruntergefüttert werden muss. Das Signal dafür könnte zum Beispiel ein Antippen an der Brust zwischen den Vorderbeinen oder an der Gurtlage sein, gleichzeitig mit dem Stimmkommando (»Pliééé«).
Zunächst zeigen Sie dem Pferd noch einmal, dass es zwischen seinen Vorderbeinen Futter gibt. Gleichzeitig tippen Sie an die Signalstelle und geben das Stimmkommando. Mit der Zeit gibt es das Leckerli erst, wenn das Pferd unten im Plié ist, dann wartet man immer ein bisschen länger mit dem Füttern.
Bleibt das Pferd eine kleine Weile unten, machen Sie einen Schritt nach vorne und geben das Kommando »auf«. Jetzt gibt es die Belohnung erst nach der Verbeugung.
Das Plié ist eine gute Vorübung für das Kompliment. Das Pferd hat ja bereits gelernt, dass zwischen seinen Vorderbeinen eine Belohnung wartet.

Kompliment

Für das Kompliment-Training sollte der Boden unbedingt rutschfest, aber nicht zu hart sein, damit sich das Pferd nicht verletzt.

Links oder rechts oder beides?

Soll Ihr Pferd auch das Knien lernen, ist es ratsam, das Kompliment von einer Seite und Knien von der anderen Seite abzufragen. Ansonsten ist es wegen der gleichmäßigen Dehnung besser, wenn das Pferd eine Seite gut beherrscht, das Kompliment auch auf der anderen Seite zu üben.

Vorübungen

Gewöhnen Sie das Pferd daran, Leckerlis zwischen den Vorderbeinen zu nehmen (sehr nützliche Vorübung: Plié). Findet das Pferd das Leckerli zuverlässig, kann man zur nächsten Stufe weitergehen.
Der Ablauf für das Kompliment links: Stellen Sie sich neben das linke Vorderbein mit Blickrichtung zum Pferdekopf. Touchieren Sie mit der Gerte das Bein in der Beuge des Karpalgelenks, bis das Pferd das Bein bewegt. Greifen Sie das Bein mit der rechten Hand

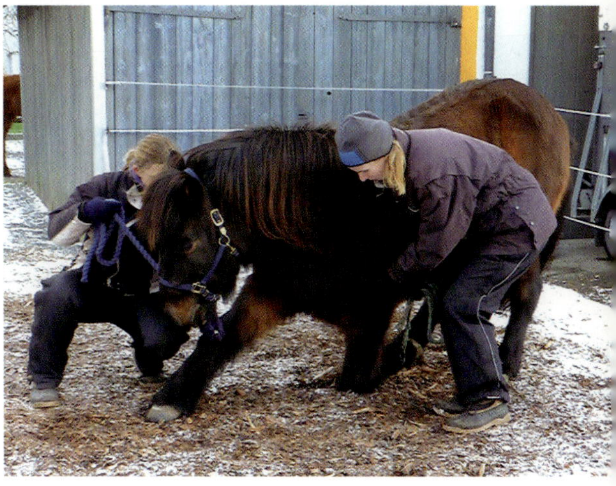

am Röhrbein und winkeln es an, bis das Röhrbein parallel zum Boden zeigt. Umschließen Sie mit der linken Hand das Karpalgelenk und schaukeln Sie das Bein ein paar Mal vor und zurück. Mit der Zeit probieren Sie, das Bein weiter nach hinten zu führen. Das Röhrbein wird dabei immer parallel zum Boden gehalten.
Lässt das Pferd sein Bein locker ein Stückchen nach hinten bewegen, nehmen Sie das angewinkelte Bein in die linke Hand und locken den Kopf mit einer Möhre in der rechten Hand zwischen die Vorderbeine. Leichter geht es zu zweit : Einer hält das Bein, der andere füttert. Rückenschonender für den Menschen wird es mit einer Fußlonge.

Umstrittene Fußlonge

Bei manchen Ausbildern ist die Fußlonge als Zwangsmittel verpönt. Wer schon mal ein sich wild wehrendes, damit ins Kompliment oder zum Liegen heruntergezwungenes Pferd sah, kann diese Ansicht nachvollziehen. Es geht aber auch anders: Das Pferd wird behutsam an die Longe gewöhnt und die Longe hilft nur, das Bein mit weniger Kraft hochzuhalten. Dazu braucht man ein stabiles weiches Seil oder eine abgeschnittene Softlonge ohne Haken.
Nehmen Sie das Seil doppelt und legen es in einer durchgezogenen Schlaufe um die Fesselbeuge. Jetzt lassen Sie das Pferd das Bein in die Waagerechte heben und halten es statt am Röhrbein (mit Handschuhen) am Seil fest. So kann man aufrecht stehenbleiben, statt gebückt seine Bandscheiben zu quälen. Hat das Pferd gelernt, sein Gewicht auf die drei Standbeine zu verlagern, reicht diese Methode (siehe Bild unten links).
Bei schweren Pferden, die sich gern auf das aufgehaltene Bein lehnen, kann man die Longe über den Rücken legen und auf der anderen Seite festhalten. Das sollten Sie aber in Ruhe üben und beim geringsten Anflug von Panik sofort nachlassen.

Die Gewöhnung an die Fußlonge kann übrigens auch für den Tierarztbesuch nützlich sein: Zum Beispiel bei rektalen Untersuchungen wird oft ein Hinterbein gegen Ausschlagen damit gesichert.

Der Weg nach unten

Wenn sich das Pferd ein Stückchen in Richtung Möhre herunterbeugt, gibt es Stimmlob und Möhre und gleichzeitig das Stimmkommando (»Kooompliment«). Das Pferd wird nun immer weiter heruntergelockt, bis das Karpalgelenk und das waagerecht gehaltene Röhrbein den Boden berühren. Achten Sie darauf, dass der Unterarm des Pferdes möglichst senkrecht bleibt, da das Pferd sich nur so gut abstützen kann. Wenn das Pferd sich zum ersten Mal auf dem Bein niedergelassen hat, sofort Lob und Leckerli und für heute aufhören!

Den meisten Pferden ist die Position unten im Kompliment anfangs unangenehm, und sie möchten so schnell wie möglich wieder nach oben. Wenn Sie das Leckerli gefüttert haben, wird das Pferd ziemlich sicher sofort aufspringen. Geben Sie daher

nach der Leckerligabe sofort das Kommando »auf«, damit Sie es sind, der die Übung aktiv beendet. Um die Zeit im Kompliment zu verlängern, zögern Sie die Leckerligabe nach und nach um Sekunden hinaus.
Wenn diese Übung zuverlässig klappt, kann man zum nächsten Schritt weitergehen. Jetzt bekommt das Pferd die Belohnung erst, wenn es nach dem Kommando zum Auflösen (»auf«) wieder steht. Steht es vorher unaufgefordert auf, bekommt es keine Belohnung, muss wieder ins Kompliment und bekommt erstmal wieder das Leckerli von unten.
Nach und nach kann man das Pferd daran gewöhnen, die Lektion nur auf das Stimmkommando und das Antippen in der Beuge des Karpalgelenks auszuführen. Helfen Sie immer weniger mit der Hand beim Halten und Ablegen des Beines. Perfekt ist diese Lektion, wenn das Pferd nur auf das Stimmkommando ins Kompliment geht und solange unten bleibt, bis man es wieder zum Aufstehen auffordert.

Auch mit dem Fuß kann man das Pferdebein beim Ablegen unterstützen.

Achtung!

Diese Übung kann auch gegen Sie verwendet werden

Einige Pferde kommen auf die Idee, sich beim Hufeauskratzen oder bei der Hufbearbeitung ins Kompliment zu entziehen. Nervtötend für den Hufbearbeiter und sogar gefährlich für das Pferd, wenn das empfindliche Karpalgelenk auf harten Pflasterboden knallt!
Gegen solche »witzigen Ideen« sollten Sie sofort konsequent vorgehen, zum Beispiel indem Sie den Huf weiter festhalten und mit dem Ellbogen oder einem Finger gegen die Rippen oder an den Pferdebauch stupsen.

Beim Kompliment steht der Mensch mit Blick nach vorne, während man beim Hufeauskratzen nach hinten schaut. Dadurch sollte auch ein weniger cleveres Pferd diese beiden Dinge unterscheiden können. Das können Sie unterstützen, in dem Sie auch zum Hufegeben ein verbales Signal etablieren und das Antippen am Bein an zwei völlig unterschiedlichen Stellen lehren:
Hufegeben = leichte Fingerberührung an der Fessel
Kompliment = Antippen mit der Gerte in der Beuge des Karpalgelenks

Damit das normale Hufegeben genauso eine erstrebenswerte Aufgabe wird, können Sie auch das ab und zu mit einem Leckerli belohnen.

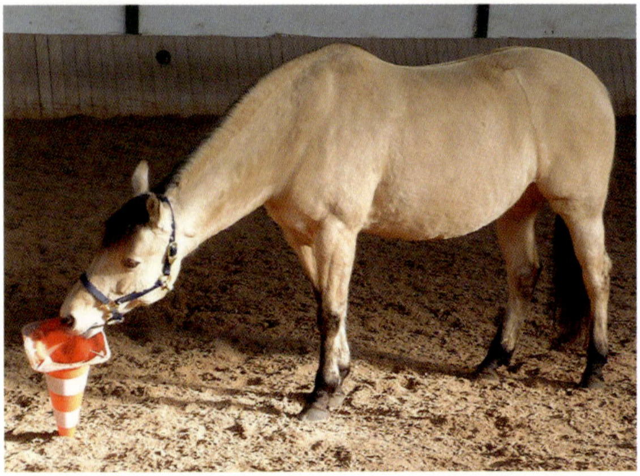

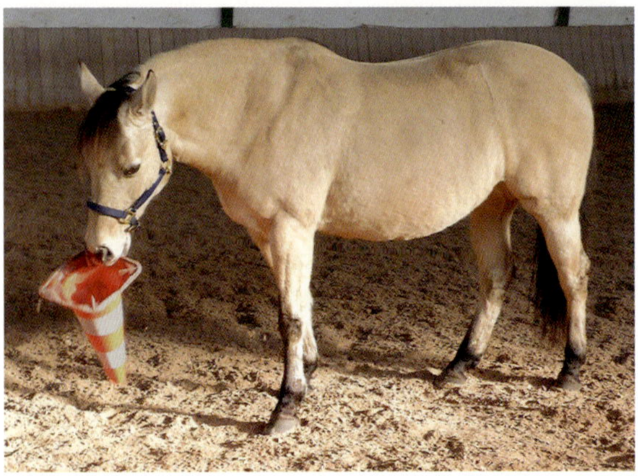

Pylone umwerfen und wieder aufstellen

Pylonen umwerfen kann jedes Pferd schnell mittels positiver Verstärkung lernen. Neugierige untersuchen die Pylone von selbst, Desinteressierten wird die Pylone gezeigt, mit der Gerte draufgetippt usw., bis es sie mit der Nase berührt. Dafür gibt es sofort begeistertes Lob und ein Leckerli. Die verspielte Quarterstute auf den Fotos links lernte das Umwerfen innerhalb von fünf Minuten!

Pylonen aufstellen ist um einiges schwieriger und eher etwas für die Spielkinder unter den Pferden, die gerne alles mit dem Maul untersuchen und hineinbeißen.

Dinge ins Maul nehmen und apportieren

(Bild unten links) Dafür eignen sich alle Dinge, an denen sich das Pferd nicht verletzen oder Stücke abbeißen und verschlucken kann und die sich gut ins Maul nehmen lassen, zum Beispiel ein Pferdespielball mit Griff, größeres Gummi-Hundespielzeug, Tauchringe etc.

Doch was tun, wenn Ihr Pferd überhaupt keine Neigung dazu hat, Sachen ins Maul zu nehmen? Überlegen Sie, wie wichtig Ihnen solche Kunststücke sind. Vielleicht sind Sie ja gerade froh, kein Pferd zu haben, das alles anknabbert?
Ansonsten versuchen Sie, dem Pferd den Gegenstand schmackhaft zu machen. Pylonen oder andere Apportiergegenstände kann man zum Beispiel mit Zuckerrübensirup oder Apfelmus bestreichen. Die meisten Pferde lecken daran und beißen irgendwann probehalber hinein, ob das ganze Ding so gut schmeckt. Nimmt das Pferd den Gegenstand ins Maul, gibt es begeistertes Stimmlob, Leckerli und

ein Stimmkommando (»nimm's auf«). Am besten üben Sie das Loslassen auch gleich mit: Stecken Sie einen Finger in die Maulspalte, bis das Pferd das Maul öffnet und loslässt, dann wieder Lob und Leckerli und ein Kommando (»gib's her«). Belohnen Sie jeden kleinsten Fortschritt.

Die Geister die ich rief ...

... werd' ich nun nicht mehr los.

Damit es Ihnen nicht wie Goethes Zauberlehrling geht, wenn Sie sich dafür entscheiden, Ihrem Pferd das Apportieren beizubringen, sollten Sie konsequent alle ungefragten Reinbeißversuche ignorieren und dem Pferd sofort eine andere, anstrengende Aufgabe stellen.

Trotzdem besteht immer eine gewisse Gefahr, dass das Pferd daraus lernt, dass es erlaubt ist, Gegenstände ins Maul zu nehmen, um an Futter zu kommen, und sich zum Beispiel in der Jackentasche mit den Leckerlis festbeißt oder dauernd ungefragt Handschuhe, Gerten usw. durch die Gegend trägt.

Ballspiele

Die Übungen »Ball mit der Nase schubsen« und »Ball selbständig kicken« werden ähnlich über positive Verstärkung erarbeitet wie das Umwerfen der Pylone (Bild Seite 76 oben).

Damit das Spiel spannend bleibt, bekommt das Pferd das Spielzeug immer nur für kurze Zeit. Am besten, man nimmt es weg, solange es noch Lust zum Weiterspielen hätte. Besonders spielfreudige Pferde kann man nach einer anderen anstrengenden Aufgabe durch freies Ballspielen belohnen.

Variante

Bobbycar mit der Nase vorwärts schubsen

Winken, Polka und Spanischer Schritt

Eine Übung mit Vorbehalt! Bei meinen Kursen begegnen mir öfter Pferde, die auf die geringste vermeintliche Gertenhilfe anfangen, mit einem Vorderbein nach vorne auszuschlagen. Unkonzentrierte, unmotivierte Pferde tun das, sobald man etwas von ihnen will und wollen damit sagen, »Hey du, ich habe zwar nicht richtig zugehört, was du eigentlich willst, aber hier ist mein Bein, das findest du doch toll und jetzt lass mich in Ruhe.« Übermotivierte Pferde fangen in jeder möglichen und unmöglichen Situation an, mit den Vorderbeinen zu wedeln und damit zu fragen »Was soll ich tun? Soll ich das machen? Bin ich nicht super?« Lästig – und gefährlich für Ihre Knie und Schienbeine und beim Hufeauskratzen sogar für Ihren Kopf!

Bei den meisten dieser Pferde wurde viel zu früh damit begonnen, das Beineheben zu üben, nämlich bevor sie eine solide Grundausbildung am Boden hatten und vor allem ein solider Grundgehorsam etabliert war. Winken und seine Weiterführung Spanischer Schritt sind zwar relativ leicht beizubringen, sollten aber nicht das Erste, sondern eher das Letzte sein, was das Pferd lernt. Diese Übung kann und wird sonst gegen Sie verwendet werden!
Meiner Meinung nach sollte man gut überlegen, ob diese Übung für dieses Pferd sinnvoll ist und wann der richtige Zeitpunkt dafür gekommen ist. Extrem ranghohe Pferde, die die Position des Menschen

immer wieder in Frage stellen, sollten nicht auch noch auf Imponiergehabe ausgebildet werden. Schüchterne, rangniedrige Pferde können wiederum von dieser Übung profitieren, da sie das Selbstbewusstsein stärkt.

Winken

Dazu soll das Pferd lernen, auf Touchieren mit der Gerte die Beine einzeln zu heben. Anfangs tippt man (oder kitzelt mit dem Gertenbändchen) vorne oder seitlich auf den Unterarm. So lange weiter tippen, bis das Pferd das Bein bewegt oder aufstampft, dann begeistertes Stimmlob, Leckerli und Stimmkommando (»hooch« oder »spanisch«).

Üben Sie abwechselnd auf beiden Seiten. Damit das Pferd die Beine nach und nach höher hebt, gibt es bei schwachem Heben keine Belohnung mehr, sondern eine neue Aufforderung zum Beineheben. Jedes Stückchen höher verdient ein begeistertes Lob und Leckerli!

Möchten Sie später Winken und Spanischen Schritt auch unter dem Reiter abfragen, sollten Sie mit der Gertenhilfe langsam hochwandern, bis Sie seitlich an der Pferdeschulter touchieren können.

Spanischer Schritt

Beim Spanischen Schritt hebt das Pferd die Vorderbeine in die Waagrechte oder noch höher. Die Schrittfolge ist dabei etwas verlangsamt, jedoch nicht verändert.

Ausrüstung

Das Pferd sollte entweder ein Halfter tragen, in das Zügel oder ein Strick in beiden seitlichen Ringen verschnallt sind, einen Kappzaum mit Zügeln oder eine Trense. Dann braucht man eine lange, nicht zu steife Gerte, viele Leckerli und eine Reitbahn mit Bande oder zumindest einen Ort mit griffigem, nicht zu hartem Boden und einer seitlichen Begrenzung, damit das Pferd geradegerichtet bleibt.

Das Pferd sollte bereits gelernt haben, auf Touchieren mit der Gerte die Vorderbeine einzeln zu heben. Jetzt soll es beim Beinheben vorwärts gehen.

So geht's auf der linken Hand: Stellen Sie Ihr Pferd an den Anfang einer langen Seite. Legen Sie die Zügel über den Pferdehals und nehmen Sie mit der rechten Hand Kontakt auf, bei kleineren Pferden über dem Widerrist, bei größeren Pferden seitlich auf Höhe der Pferdeschulter. Üben Sie zunächst, in dieser Position an der Bande entlang vorwärts zu gehen, anzuhalten und den Schritt zu verkürzen. Jetzt lassen Sie das Pferd im Halten das innere Bein heben und treiben in dem Moment von hinten nach, damit es vorwärts geht. Das geht am besten mit einem Helfer, sonst müssen Sie die Gerte in der linken Hand schnell in Richtung Kruppe bringen.

Anfangs gibt es vielleicht ein bisschen Beinsalat oder das Pferd macht nur einen minimal höheren Schritt – trotzdem: loben, loben, loben! Üben Sie anfangs mit jedem Bein einzeln: einmal heben, dann ein paar Schritte normal geradeaus, als nächste Stufe das Bein heben bei jedem zweiten Schritt und schließlich bei jedem Schritt. Damit die Schulter freier wird, können Sie den Pferdekopf dabei leicht nach außen stellen.
Üben Sie auf beiden Seiten und üben Sie auch, das äußere Bein zu touchieren, also das linke Bein auf der rechten Hand.

Wichtig: Bleiben Sie auf Schulterhöhe des Pferdes, außer Reichweite des vorschwingenden Pferdebeins! Das energische Beineheben ist körperlich und mental anstrengend, hören Sie darum rechtzeitig auf, bevor das Pferd müde und unlustig wird.

Mit gutem Beispiel voran

Strahlen Sie Energie aus und werden Sie selbst zum »stolzen Spanier«, wenn Sie neben Ihrem Pferd hergehen. Vielleicht hilft es auch, dem Pferd das Beineheben mit Ihrem Bein oder Arm vorzumachen?

Polka

Bei der Polka lernt das Pferd die Beine abwechselnd zu heben, aber immer mit einem normal hohen Schritt dazwischen. Also linkes Bein hoch, rechtes Bein flach, linkes Bein flach, rechtes Bein hoch, linkes Bein flach usw. Dabei soll der gleichmäßige Viertakt im Schritt erhalten bleiben. Bei der Polka ist die punktgenaue Hilfengebung des Menschen entscheidend. Gehen Sie im Gleichschritt mit dem Pferd und zählen Sie laut mit: Eins, zwei, hooch; eins, zwei, hooch. Der richtige Zeitpunkt zum Touchieren ist, wenn das andere Vorderbein auf dem Boden aufsetzt. Sechs bis neun Schritte hintereinander reichen zu Beginn, sonst kommt das Pferd mit der Hinterhand nicht nach.

Schritt für Schritt zum Ziel

Klappt die Polka zuverlässig, können Sie das Beineheben bei jedem Schritt abfragen. Verlangen Sie auch hier nicht zu viele Schritte hintereinander und geben Sie dem Pferd immer wieder Pausen in ruhigem Schritt.
Hören Sie unbedingt auf, bevor die Hinterhand nicht mehr mitkommt! Hat das Pferd generell Probleme, mit der Hinterhand genug unterzutreten, bitten Sie

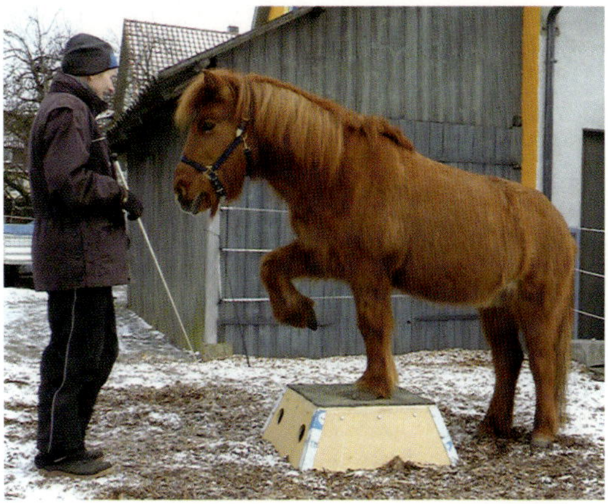

am besten einen Helfer, vorsichtig auf der Kruppe mit der Gerte nachzutreiben.

Selbstläufer unerwünscht!

Wichtig: Lassen Sie das Pferd niemals die Lektion vorwegnehmen! Das könnte schnell in wildem Gestampfe und Geschnappe nach der Belohnung ausarten.

Mehr Aktion für die Vorderbeine

Möglicherweise braucht das Pferd einfach noch mehr Zeit zum Üben, bis es genug Gleichgewicht, Muskulatur und Dehnung für hoch angehobene Schritte hat. Die Dehnung können Sie im Stand verbessern, indem Sie das Bein ganz vorsichtig ein wenig nach oben ziehen. Nehmen Sie das Bein in beide Hände, eine Hand unterstützt das Röhrbein, die zweite Hand liegt unter dem Karpalgelenk.
Geht das Pferd hastig und flach, verlangsamen Sie das Tempo und intensivieren Sie die Hilfe zum Beineheben, bis das Pferd richtig reagiert. Beim ersten höheren Schritt sofort begeistert loben, Leckerli und eventuell die Übung sogar für diesen Tag beenden. Die mögliche Schritthöhe ist auch von Exterieur und Typ des Pferdes abhängig. Der Friese mit hoher Knieaktion tut sich einfach leichter als das kurzbeinige Pony mit der steilen Schulter und den von Natur aus flachen Gängen.

Lachen

(Bild links) Wenn sich Pferde auch bestimmt so manches Mal über uns Zweibeiner amüsieren, echtes Lachen gehört nicht zu ihrem Verhaltensrepertoire. Soll ein Zirkuskunststückchen daraus werden, trainieren wir stattdessen Flehmen auf Kommando.

Das Flehmen kann sehr gut stimuliert werden, wenn man einen ungewohnten Geruch, zum Beispiel einen kleinen Tropfen parfümierte Handcreme oder Zahnpasta an den unteren Rand einer Nüster tupft. In dem Moment, in dem das Pferd beginnt zu flehmen, geben Sie das gewünschte Stimmkommando, dann sofort Lob und Leckerli
Überlegen Sie gut, bevor Sie loslegen – solche Übungen können immer unerwünschte Nebenwirkungen haben. Vielleicht haben Sie bald ein Pferd, das in jeder möglichen und unmöglichen Situation eine Schnute zieht?

Nein! Oder doch Ja?

Nein-Sagen ist den meisten Pferden durch Kitzeln im Ohr mit einem Finger sehr leicht beizubringen. Schüttelt es daraufhin den Kopf, sofort Stimmlob und Leckerli. Überlegen Sie sich einen besonderen Fragetonfall als Einstimmung für die Übung: »Micky, bist du das verfressenste Pony der Welt?« Bleibt der Tonfall immer gleich, können Sie die

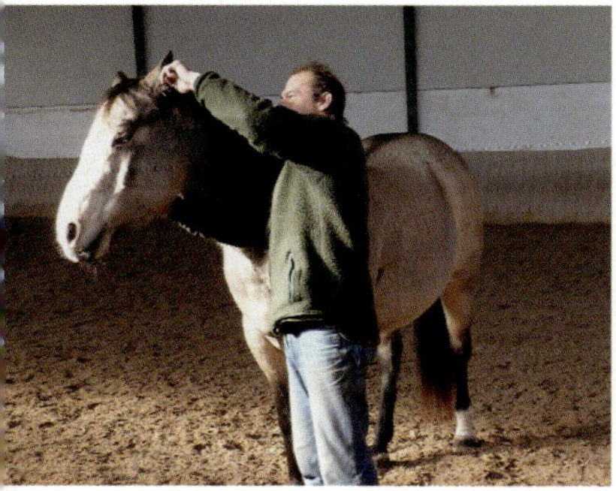

Fragen irgendwann variieren. Als Signal für das Kopfschütteln es reicht irgendwann, einen Finger leicht in Richtung Ohr zu halten (Bilder oben links und Mitte).

Ja-Sager sind schwerer auszubilden, da man diese Bewegung kaum provozieren kann. Probieren Sie, den Pferdekopf durch Locken mit dem Leckerli auf und ab zu bewegen und notfalls mit der Hand am Halfter oder durch Hochstupsen mit dem Finger etwas nachzuhelfen. Auch hier kann ein besonderer (deutlich unterschiedlicher) Fragetonfall als auslösendes Kommando genutzt werden.
Üben Sie Ja- und Nein-Sagen nicht gleichzeitig, sonst kommt das Pferd durcheinander. Erst wenn das Pferd eine Übung sicher beherrscht, beginnt man mit der zweiten. Bei kopfscheuen Pferden und solchen, die sich nicht (gern) an den Ohren anfassen lassen, sollten Sie erst diese Probleme lösen, bevor Sie das Pferd mit solchen Aufgaben (über)fordern.

Drehung

(Bild oben rechts)
Die Drehung ist eine Mittelhandwendung um sich selbst. Das Pferd kann sie aus dem Weichen (weg vom Menschen) oder aus dem (dem Menschen) Folgen lernen.

Weichen (Mittelhandwendung)

Hilfreich für die ersten Versuche ist ein Stangenquadrat als optische Begrenzung. Halten Sie das Pferd anfangs am Führseil, holen die Vorhand durch leichte Impulse am Seil in ihre Richtung und lassen gleichzeitig die Hinterhand weichen, bis das Pferd eine 360-Grad-Wendung auf der Stelle geschafft hat. Klappt das gut, legen Sie das Führseil über den Hals. Dann strecken Sie beide Arme aus, drehen sich langsam und lassen das Pferd vor dem zur Kruppe gerichteten Arm weichen. Der zum Kopf gerichtete Arm wirkt bremsend: Macht es einen Schritt nach vorne, korrigieren Sie mit einem schnellen Griff in den Strick oder einem Gertentipp vor die Brust. Alternativ können Sie wie auf dem Foto die Vorhand weichen lassen.

Folgen

Das Pferd sollte bei der Freiarbeit schon Herkommen und freies Folgen gelernt haben. Jetzt werden die gelaufenen Kreise immer kleiner, bis das Pferd die Beine kreuzen muss und sich mit Ihnen zusammen auf der Stelle dreht.

8

Handpferdereiten

8. Handpferdereiten

Wofür Handpferdereiten nützlich ist

Es gibt viele gute Gründe für das Handpferdereiten:

Jungpferde/unerfahrene Pferde

Ein ruhiges Führpferd vermittelt einem Jungpferd oder einem im Gelände unerfahrenen Pferd Sicherheit. Das Handpferd wird ohne Reitergewicht trainiert und lernt mit den Herausforderungen im Gelände klarzukommen.

Pferdesenioren

Das Seniorenpferd ist mitten im Geschehen dabei, wird geputzt, beachtet und tut noch etwas für seine Kondition und Gelenkbeweglichkeit, ohne mit dem Reitergewicht belastet zu werden.

Reitpferde

Eine kleine Auszeit und Abwechslung für Reitpferde – Training ohne Belastung.

Zeitmangel

Zu wenig Zeit und zu wenige Reiter für zu viele Pferde? So bekommt ein Mensch zwei Pferde gleichzeitig bewegt.

Gepäcktransport

Ein Packpferd bei Wanderritten entlastet die Reitpferde.

Minis

So können auch kleine Ponys, für die es keinen passenden Reiter gibt, trainiert werden.

Transport

Statt einer Hängerfahrt können die Pferde den Umzug von einer Weide zur anderen oder den Weg zum Kursort und zu Veranstaltungen zu Fuß zurücklegen.

Ausreiten für Einsteiger

So können auch Anfänger und kleinere Kinder angstfrei und risikoarm auf einem zuverlässigen Pferd mit ins Gelände reiten.

Voraussetzungen

Anforderungen an das Reitpferd

Das Reitpferd sollte geländesicher und gut ausgebildet sein und jederzeit sicher an den Hilfen stehen. Im Idealfall lässt es sich in der Signalreitweise in allen Gangarten einhändig reiten und hat ein eher gelassenes Temperament.

Anforderungen an das Handpferd

Das Handpferd sollte sicher halfterführig sein und die Grundausbildung am Boden erfolgreich durchlaufen haben, also auf Kommando anhalten, losgehen, antraben usw., ohne am Halfter zu zerren oder sich ständig treiben zu lassen. Es sollte sich beim Spaziergang auch in fremdem Gelände problemlos händeln lassen.

Ausrüstung

Für als Handpferd erfahrene, gehorsame und zuverlässige Pferde reicht unter Umständen ein stabiles Halfter mit Strick. Sicherer ist es, eine Zäumung mit mehr Einwirkungsmöglichkeiten zu wählen, zum Beispiel eine Führkette (siehe Kapitel 3, Hängertraining, Weiteres Zubehör).
Das Führseil muss so lang sein, dass das Handpferd eine Pferdelänge hinter dem Reitpferd gehen kann, also mindestens drei, besser vier Meter. Der Strick

sollte keinen Panikhaken haben, da sich diese Haken durch einen Ruck des Pferdes von selbst lösen können. Befestigen Sie das Führseil niemals am Sattel oder gar an sich selbst, das kann lebensgefährlich werden!

Tragen Sie grundsätzlich Reithandschuhe, damit es Ihnen nicht so geht wie mir vor vielen Jahren: Beim Sprung über einen Graben machte das Handpferd davor eine Vollbremsung und das Führseil wurde mit einem kräftigen Ruck durch meine ungeschützte Hand gezogen. Ein Finger trug eine klaffende Wunde davon, mit der ich die restlichen 20 Kilometer dieser Tagesetappe reiten musste, da ich dummerweise auch das Erste-Hilfe-Set vergessen hatte.

Zumindest bis Reitpferd und Handpferd sozusagen »auf Gedanken« reagieren, empfehle ich auf jeden Fall eine lange Gerte zum Treiben und nach vorne Begrenzen des Handpferdes. Bei einem eingespielten Dreierteam reichen später oft Handzeichen und notfalls ein kleiner Klatscher oder Wedeln mit dem Strickende.

Rechtliche Grundlagen

Auf Straßen und von Autos befahrenen Wegen muss das Handpferd nach der Straßenverkehrsordnung grundsätzlich auf der vom Verkehr abgewandten Seite, also rechts vom Reitpferd, geführt werden.

Auch für das Führen von Pferden gibt es Einschränkungen: Einzeln am Strick darf man nur ein Pferd führen. Möchte eine Person zwei (zulässig sind bis zu vier) Pferde führen, müssen sie gekoppelt sein, das heißt, das zweite Pferd muss am Halfter oder am Bauchgurt des geführten Pferdes festgebunden werden. Die häufig gesehene Praxis, gleichzeitig je ein Pferd rechts und links am Strick zu führen, ist ein Verstoß gegen die Straßenverkehrsordnung. Möchte ein Reiter (die höchstens zugelassenen) zwei Handpferde mitnehmen, müssen auch sie untereinander gekoppelt sein.

Im Wald und auf nicht öffentlichen Wegen in der Feldflur gilt für Reiter und Pferde dagegen nicht die Straßenverkehrsordnung, sondern das Bundesnaturschutz- und das Bundeswaldgesetz sowie jeweils die Gesetze des betreffenden Bundeslandes. Auf solchen Wegen lasse ich das Handpferd zur Abwechslung gerne auf der linken Seite laufen, damit es nicht einseitig schief wird. Denn trotz aller Vorsicht, nicht am Strick zu ziehen, macht sich das Handpferd doch meistens ein bisschen hohl zur Führseite hin.

Vorübungen

Kennen sich die beiden Pferde noch nicht, lassen Sie sie in Ruhe Kontakt aufnehmen. Zusammen frei laufen lassen ist nicht nötig, die Rangordnung zwischen beiden Pferden muss nicht geklärt sein, da der Mensch die Rolle des Leitpferdes übernimmt. Lassen Sie nicht zu, dass ein Pferd nach dem anderen giftet oder gar zu beißen oder zu schlagen versucht! Können sich die Pferde wirklich absolut nicht leiden, sollten Sie auf diese Handpferd-Kombination verzichten.

Seilgewöhnung für Pferd und Mensch

Reitpferd und Handpferd sollten an die Berührung eines Seiles am ganzen Körper gewöhnt sein, um auch »Verwicklungen« ohne Panik zu überstehen.

Zeigen Sie dem Pferd das Führseil und berühren Sie es vorsichtig damit. Lässt es sich das gut gefallen, streichen Sie es am ganzen Körper mit dem Seil ab. Nun legen Sie den Strick in einer Schlaufe um die Hinterhand des Pferdes und ziehen vorsichtig daran. Genauso verfahren Sie mit Brust und Schultern. Bleiben beide Pferde dabei entspannt, sind sie startbereit für das Handpferdetraining.

Wie hält man das Führseil des Handpferdes? Die Länge des Seils muss beim Handpferdereiten laufend den wechselnden Gegebenheiten angepasst werden, damit das Handpferd weder ständig einen Ruck abbekommt, noch in den Strick treten kann. Daher ist es sinnvoll, das Seil immer auf die gleiche Weise aufzunehmen, damit Nachlassen und Nachgreifen zum Automatismus werden. Ich lasse beim Viermeterseil immer ein relativ langes Ende herunterhängen, dann mache ich je nach aktueller Länge eine oder zwei »Hasenohren«-Schlaufen (auf einer Seite offene Schlaufen, keine Ringe, die sich zuziehen können), die ich nach Bedarf durchrutschen lassen oder nachfassen kann. Das lange Strickende ist meine Notreserve, zum Beispiel für plötzliche Vollbremsungen. Hat man nur noch das Strickende in der Hand, ist es höchste Zeit, die Situation wieder unter Kontrolle zu bringen!

Position des Handpferdes

(Bild unten) Der Kopf des Handpferdes sollte etwa auf Schulterhöhe des Reitpferdes sein. So haben Sie das Handpferd gut im Blick und können durch Gertentipp auf die Kruppe rechtzeitig treibend einwirken, falls es langsamer wird oder plötzlich stehenbleibt.

Ist das Handpferd eher zu schnell unterwegs, lassen Sie es ein Stück weiter hinten gehen, mit dem Kopf etwa auf Höhe Ihres Knies, da Sie dann besser bremsend einwirken können: mit der Gerte auf die Brust oder das Buggelenk außen tippen oder die Gerte vor dem Pferdekopf als optische Mauer langsam auf und ab bewegen.

Wichtig ist, das Handpferd nicht zu weit vorne gehen zu lassen, denn sobald sein Kopf vor den Kopf des Reitpferdes kommt, ist es fast unmöglich, es langsamer werden zu lassen, ohne dass es quer vor das Reitpferd läuft. Ist es doch passiert, reiten Sie eine große Wendung auf die vom Handpferd abgewandte Seite. Durch den längeren Weg, den das Handpferd dabei zurücklegen muss, fällt es automatisch auf die richtige Höhe zurück.

Erstmal in der Bahn üben

Probieren Sie zuerst in einer Reitbahn anreiten und halten, ganze Bahn und großlinige Bahnfiguren. Funktioniert das gut, können Sie die Feinabstimmung durch kleinere Bahnfiguren und Bögen um Hindernisse verbessern.

Aufsteigen, Anreiten, Wenden, Anhalten

Zum Auf- und Absteigen stelle ich beide Pferde nebeneinander, Handpferd rechts, Reitpferd links und lege das Führseil über den Hals des Reitpferdes. Beide Pferde sollten bereits gelernt haben, solange eisern stillzustehen, bis das Kommando zum Losgehen kommt.

Zum Anreiten machen Sie beide Pferde durch ein Stimmkommando aufmerksam. Reiten Sie mit Blick auf das Handpferd an: Tritt es nicht sofort an, treiben Sie es durch Gertentipp auf der Kruppe. Beim nächsten Mal reicht wahrscheinlich schon das Heben der Gerte oder ein leichtes Gertenwedeln.

Für eine Wendung vom Reitpferd weg dirigieren Sie das Handpferd mit der Gerte auf etwas Abstand und lassen es vor Gerte und Reitpferd auf die Wendung weichen. Treiben Sie das Reitpferd, damit es seinen größeren Bogen gleichzeitig mit dem Handpferd schafft.

Möchten Sie eine Wendung in Richtung des Reitpferdes machen, muss das Handpferd schneller gehen, um seinen weiteren Weg gleichzeitig mit dem Reitpferd zu schaffen (Bild links Mitte). Nehmen Sie die Gerte nach hinten in die treibende Position und treiben Sie nach Bedarf nach. Geht das Handpferd nicht automatisch mit dem Reitpferd in die Wendung, geben Sie leichte Impulse am Führseil und treiben es gleichzeitig von hinten.

Zum Anhalten bereiten Sie beide Pferde wieder mit dem Stimmkommando vor. Kurz bevor Sie dem Reitpferd die Hilfen zum Halten geben, halten Sie die Gerte vor die Brust des Reitpferdes und geben, falls nötig, kleine Rückwärts-Impulse am Führseil. Es ist auf jeden Fall besser, das Handpferd hält etwas eher an als das Reitpferd und steht ein Stückchen weiter hinten, als wenn es am stehenden Reitpferd vorbeiläuft und vorne quer kommt oder Sie gar aus dem Sattel zieht!

Engstellen passieren

(Bild links unten) Bei Engstellen und schmalen Wegen muss das Handpferd hinter dem Reitpferd gehen. Das Hintereinander gehen können Sie gut mit einer Stangengasse üben.

Lassen Sie das Handpferd durch Auf- und Abbewegen der Gerte vor seinem Kopf langsamer werden und zurückfallen. Gleichzeitig treiben Sie das Reitpferd, damit es etwas schneller wird. Lassen Sie das Führseil lang und bewegen Sie die Gerte langsam seitlich neben dem Reitpferd hin und her, um dem Handpferd zu zeigen, dass es dort jetzt keinen Platz hat. Auf Wildwechseln hintereinander her zu laufen, ist eine angeborene Verhaltensweise für das Herdentier Pferd. Darum gibt es meistens keine Schwierigkeiten, sobald sich das Handpferd hinter dem Reitpferd eingeordnet hat. Falls sich die Pferde noch nicht gut kennen oder das Reitpferd gerne ausschlägt, achten Sie besonders auf genügend Abstand und die Mimik des Reitpferdes, damit Sie es rechtzeitig verwarnen können!

Jedes Pferd hört auf seinen Namen

Sie reiten auf Micky, und Saba läuft als Handpferd mit. Leider werden Ihre Arme immer länger, denn Micky rennt wie angestochen und Saba schlurft unmotiviert hinterher. Jetzt wird's kompliziert: gleichzeitig Saba anfeuern und für Micky ein bremsendes »Laaangsaam«. Damit die Kommandos beim richtigen Pferd ankommen, sollten Reitpferd und Handpferd beide ihren Namen kennen und darauf reagieren. Beginnen Sie beim täglichen Umgang mit den einzelnen Pferden immer den Namen vor einem bekannten Kommando zu sagen, z. B.: »Micky Huf«, »Saba Halt« etc. und loben Sie die richtige Ausführung. Nach ein paar Tagen sollte jedes Pferd seinen Namen als Aufforderung zum Zuhören gelernt haben.

Wenn Sie mit beiden Pferden unterwegs sind, ergänzen Sie die Stimmkommandos durch Reiterhilfen und Gertensignale.

Schnellere Gangarten

Zur Schonung des Pferdemauls reite ich fast immer einhändig. Bei aller Vorsicht lässt sich bei zweihändiger Zügelführung nicht immer vermeiden, dass die Bewegungen des Handpferdes über die Führhand auf das Gebiss des Reitpferdes übertragen werden. Bei Trab- oder Galoppstrecken greife ich anfangs meistens mit der rechten Hand zusätzlich in die Zügel, um besser einwirken zu können. Haben sich die beiden Pferde »eingelaufen« und gehen ruhig und ohne zu stürmen vorwärts, kann man die Zügel wieder in eine Hand nehmen.

Im Gelände unterwegs

Nehmen Sie die ersten Male einen Helfer mit, der ein ruhiges Pferd reitet oder mit dem Fahrrad mitfährt. Der Helfer kann bei Bedarf von hinten treiben oder vorneweg reiten als Begrenzung für ein aufge-

regtes Handpferd. Sind Sie irgendwann zum eingespielten Dreierteam geworden, können Sie beginnen, natürliche Geländeschwierigkeiten wie steile Böschungen, querliegende Baumstämme, schmale Pfade oder Bäche zu überwinden. Dann steht einem Wanderritt mit Packpferd bald nichts mehr im Wege!

Mögliche Probleme

Sehr unterschiedliches Tempo

Sind Reitpferd und Handpferd unterschiedlich groß, haben unterschiedlich viel Temperament oder verschiedene Schrittlängen, kann es sein, dass das Handpferd immer wieder einmal antraben muss, um seine Position zu halten.
Um sich gar nicht erst einen Zackler zu erziehen, fangen Sie das Tempo beim Reitpferd soweit ein, dass das Handpferd noch im Schritt mitkommt. Viele (auch jüngere) Pferde brauchen etwas Zeit, sich einzulaufen, dann können Sie das Tempo langsam steigern. Immer von hinten treiben, niemals am Führseil ziehen, bis der Hals immer länger wird

> **Zackeln unerwünscht!**
>
> *Freunde von mir nahmen auf ihrem zweiwöchigen Wanderritt mit zwei hochblütigen Großpferden einen geliehenen Isländer als Packpony mit. Obwohl es eigentlich einen guten Schritt hatte, konnte das Pony das hohe Schritttempo nicht halten und gewöhnte sich an, ständig im Zuckeltrab aufzuschließen. Logisch, dass seine Besitzerin davon später nicht begeistert war! Sie brauchte längere Zeit, dem Pony das Zackeln beim Reiten wieder abzugewöhnen!*

und das Pferd auf der Vorhand latscht! Denken Sie daran, der »Motor« beim Pferd ist hinten! Auch das Handpferd sollte mit den Hinterbeinen gut untertreten. Trabt das Handpferd beim Antreiben an, sofort freundlich zum Schritt durchparieren.
Ein zu flottes Handpferd lassen Sie mit dem Kopf höchstens auf Ihrer Kniehöhe gehen und halten ihm die Gerte bremsend vor die Brust. Will es dauerhaft schneller, als das Reitpferd kann und Ihnen tut schon der Arm weh, ist diese Kombination wahrscheinlich ungeeignet. Oder das Handpferd braucht noch mehr Ausbildung, zum Beispiel bei langen ruhigen Spaziergängen, damit es sich an die aufregenden Dinge im Gelände gewöhnt.

Durchgehen

Zwei Pferde nebeneinander im Galopp entwickeln oft eine ganz schöne Dynamik! Überlegen Sie genau, ob und wo Sie galoppieren. Vielleicht vorsichtshalber nur auf dem Hinweg und leicht bergauf? Oder (heute) lieber gar nicht? Auch mit langen Trabstrecken können Pferde gut ausgelastet und trainiert werden!
Ist es doch passiert, beide Pferde starten zum Wettrennen durch und sind nicht zu halten: Bevor Sie stürzen, lassen Sie lieber das Handpferd los und versuchen, das Reitpferd durchzuparieren und umzudrehen. Das Handpferd wird ziemlich sicher kehrtmachen und zum Reitpferd zurücklaufen, wenn es merkt, sein Kumpel kommt nicht mit. Lässt es sich nicht einfangen, hilft es oft, in die entgegengesetzte Richtung wegzureiten, notfalls im Galopp. Das alles ist natürlich nicht ungefährlich für andere Verkehrsteilnehmer, die Pferde und Sie selbst. Vermeiden Sie unnötige Risiken, damit es gar nicht erst zu so einer Gefahrensituation kommt!

9 Training für Tierarzt, Hufbearbeitung und sonstige Behandlungen

9. Training für Tierarzt, Hufbearbeitung und sonstige Behandlungen

Regelmäßige Impfungen, Blut abnehmen, Fieber messen, Zähne raspeln, Wunden nähen, Beine röntgen – Tierarztbesuche sind bei den meisten Pferden aus gutem Grund nicht gerade beliebt! Im schlimmsten Fall wehrt sich das Pferd mit Hufen und Zähnen oder versucht ohne Rücksicht auf Verluste, aus der Gefahrenzone zu flüchten. Ein Pferd außer Kontrolle – das bedeutet große Verletzungsgefahr für den Menschen! In der Not wird dann oft zu Zwangsmaßnahmen wie der Nasenbremse gegriffen oder wegen jeder kleinen Behandlung gleich sediert.
Mit gezieltem Training für die häufigsten Untersuchungen und Behandlungen können Sie den Stress für Ihr Pferd, den Tierarzt/die TierärztIn und sich selbst deutlich reduzieren.

Was jedes Pferd lernen sollte

Jedes Pferd sollte sich ohne sofortige Abwehrreaktionen an jedem Körperteil berühren und abtasten lassen. Üben Sie nebenher beim Putzen und im alltäglichen Umgang, die Ohren zu berühren, einen Finger in die Nüstern und eine Hand ins Maul zu stecken, den Schweif anzuheben usw., bis diese Berührungen zur Routine werden.
Lässt Ihr Pferd das alles von Ihnen gelassen mit sich machen, bitten Sie einige Reiterfreunde, das Gleiche mit Ihrem Pferd zu üben. Natürlich bleiben Sie dabei und loben das Pferd für braves Verhalten.
Kommt der Tierarzt zu einem anderen Pferd auf den Hof, bitten Sie ihn, Ihrem Pferd kurz »Guten Tag« zu sagen, über die Nase zu streicheln und ein Leckerli zu geben. So wird seine Person nicht nur mit unangenehmen Ereignissen verknüpft.

Gewöhnung an die häufigsten Untersuchungsabläufe

Verbände an Beinen und Hufen

Am besten, Sie besuchen einen Erste-Hilfe-Kurs für Pferde oder lassen sich vom Tierarzt oder einer erfahrenen Reiterfreundin zeigen, wie man Hufverbände anlegt und Beine bandagiert. Fehler dabei können zu irreparablen Gewebeschäden führen!

Fieber messen/Tupferprobe/Schlauch reinigen

Der Genitalkomplex ist auch bei Pferden ein sensibles Thema. Viele Pferde finden es sehr unangenehm, an diesen Stellen berührt zu werden und wehren sich nach Kräften, schlagen aus oder ziehen den Schlauch einfach in unerreichbare Tiefen ein.

Schweifarbeit als Vorbereitung für Fiebermessen und Tupferprobe

Stellen Sie sich schräg hinter das Pferd und nehmen Sie den Schweif sanft in beide Hände. Heben Sie den

Schweif leicht an und ziehen ganz leicht und vorsichtig nach hinten. Das lockert die Muskulatur an der Wirbelsäule und wirkt entspannend auf das Pferd.

Klemmt das Pferd schon bei Berührung den Schweif ein, heben Sie ihn nur an einer Handvoll Schweifhaaren von der Schweifrübe ein winziges Stück an und bewegen ihn sehr sanft und langsam ganz wenig hin und her, bis das Pferd lockerlässt.

Ist das Pferd entspannt und »gibt« Ihnen den lockeren Schweif, können Sie mit Schweifkreisen beginnen. Dazu wird der Schweif mit der Hand von unten leicht angehoben, so dass die Schweifrübe leicht gebogen ist (Bogen zeigt nach hinten, Schweifrübenspitze ist näher am Pferd) und langsam kreisförmig bewegt.

Lässt sich das Pferd das alles gut gefallen, beginnen Sie vorsichtig, das Pferd am After und bei Stuten auch an der Scheide zu berühren. Am besten, ein Helfer steht am Kopf und belohnt das Pferd, wenn es ruhig stehen bleibt. Der nächste Schritt ist das Berühren mit dem Fieberthermometer und schließlich Fiebermessen. Zum Fiebermessen machen Sie das Thermometer mit etwas Vaseline oder notfalls Spucke gleitfähig. Halten Sie das Thermometer die ganze Zeit fest, solange es im Pferd steckt, damit es nicht im Darm verschwinden kann.

Schlauch reinigen

Die meisten Wallache und Hengste mögen keine Untersuchungen oder gar Reinigungsmaßnahmen an ihrem »besten Stück«. Es gibt auch keine aktive Möglichkeit, ein Pferd zum Ausschachten zu bewegen. Bei manchen Pferden hilft leichtes Streicheln im umliegenden Gebiet, am besten, wenn es entspannt in der Sonne steht. Notfalls können Sie den Schlauch reinigen und auf Veränderungen untersuchen, während das Pferd wegen einer anderen Behandlung sowieso sediert ist. Dabei hängt der Schlauch wegen der geringen Körperspannung locker herunter.

Sag mal »Aah«

Um das Pferd an Berührungen im Maul zu gewöhnen, fahren Sie mit der flachen Hand unter die Oberlippe und streichen sanft über das Zahnfleisch. Als nächstes kommt der Unterkiefer dran. In der Oberlippe haben Pferde eine Menge Kraft und Geschick, Unerwünschtes loszuwerden. Passen Sie

deshalb auf, dass Ihre Hand nicht zwischen die Zähne geschoben wird! Nach kurzer Zahnfleischmassage gibt es Lob und Leckerli.
Um das Maul zu öffnen, fassen Sie mit der Hand seitlich an den Laden hinein und spreizen die Finger. Bei leicht geöffnetem Maul können Sie vorsichtig (!) die Zunge in die Hand nehmen und leicht seitlich herausziehen. Jetzt kann eine zweite Person mit der Taschenlampe ins Maul hineinschauen, ob Verletzungen oder Zahnprobleme zu erkennen sind. Vorsicht vor den großen Zähnen! Nur kurz üben und dann viel Lob und Leckerli.

Spritze geben und Blut abnehmen lassen

Impfungen und andere subkutane (in die Unterhaut) oder intramuskuläre (in den Muskel) Spritzen werden am häufigsten in die Brustmuskulatur, am oberen Hals oder in die Kruppenmuskulatur gesetzt. Üben Sie den ganzen Ablauf einer Spritzaktion: Die Stelle mit einem feuchten Tuch abreiben oder mit Desinfektionsspray besprühen. Eine Hautfalte hochziehen und mit einer Spritze ohne Nadel berühren. Leicht auf den Brustmuskel klopfen und dann mit der Spitze der Spritze leicht hineindrücken usw. Besetzen Sie das ganze Prozedere mit positiven Erfahrungen durch viel Lob und Leckerli!

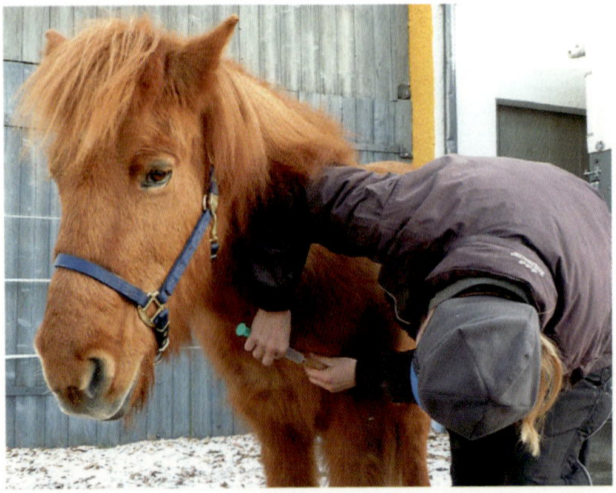

Zum Blutabnehmen staut der Tierarzt meist die Halsvene in der Drosselrinne. Das können Sie üben, indem Sie (kurz!) vorsichtig mit dem Finger hineindrücken.
Unsere Tierärztin erzählte vom wirklich schwierigen Pferd einer Kundin, das sich überhaupt nicht behandeln lassen wollte und dabei gefährlich wurde. Diese Pferdebesitzerin fand eine erfolgreiche Methode, indem sie vor und während der Behandlung kleine Aufgaben abfragte, zum Beispiel den Untersuchungskoffer mit der Nase berühren, und die Ausführung belohnte.

Geräte auf dem Boden

Röntgengeräte, Zahnbehandlungskoffer und ähnliche mittelgroße Geräte, die ganz plötzlich an bekannten Stellen auftauchen, ähneln fatal einem kauernden Raubtier – findet zumindest meine Stute. Hat Ihr Pferd auch diesen Verdacht, sollten Sie gelegentlich fremde Dinge dieser Größe an bekannten Stellen im Paddock platzieren. Bodenarbeitsübungen auf dem Reitplatz mit solchen Hindernissen reichen nicht aus, das Pferd muss lernen, auch im heimischen Umfeld mit solchen Monstern zu rechnen.

Schermaschine und Inhaliergerät: die brummenden Monster

Bei der Vorbereitung mancher Untersuchungen und Behandlungen kommt die Schermaschine in dem betroffenen Bereich zum Einsatz. Schwierig, wenn das Pferd sich schon dabei aufregt, dann wird auch die anschließende Untersuchung oder Behandlung problematisch.
Gewöhnen Sie Ihr Pferd besser im Vorfeld an das Geräusch und an die Berührung mit dem Gerät. Dazu eignet sich eine kleine Menschen-Haarschneidemaschine mit Akku, die man zum Beispiel beim Abmisten des Paddocks eingeschaltet in der

Tasche tragen kann und die später dann immer näher kommt, bis das Pferd damit abgestrichen werden kann.

Ähnlich geht man bei Inhaliergeräten vor. Die Gewöhnung an das Geräusch sollte noch gründlicher betrieben werden, da panisches Entziehen bei aufgesetzter Maske in Kabel- und Schlauchsalat, einem defekten Gerät und einem noch ängstlicheren Pferd enden kann.

Maulspritze und Wurmkur

An regelmäßigen Wurmkuren kommt kein Pferd vorbei und eine Maulspritze (ohne Nadel) ist äußerst praktisch, um flüssige oder aufgelöste Medikamente ins Pferd zu bekommen. Üben Sie solange täglich, bis das Pferd beim Anblick der Maulspritze schon begeistert danach rüsselt. Die meisten Pferde lieben Süßes und lassen sich mit einer lecker gefüllten Spritze schnell überzeugen.

Sie brauchen mehrere 20-ml-Spritzen ohne Nadel (Apotheke), da die Spritzen nach ein paar Mal benutzen kaputtgehen. Probieren Sie, was Ihr Pferd mag, indem Sie ihm eine Testportion zum Schlecken in der hohlen Hand anbieten.

Einige Vorschläge:

Apfelmus, Apfelsaft, Mohrrübensaft, in etwas Wasser aufgelöster Zuckerrübensirup, Zuckerwasser, Malzbier, Bananenmus, Pflaumenmus usw.

Nach einer Wurmkur oder einem eklig schmeckenden Medikament sollten Sie, sobald das Pferd geschluckt hat, eine leckere Spritze hinterherschieben, dann bleibt die Lust auf Maulspritzen erhalten.

Vorbereitung auf die Hufbearbeitung und das Beschlagen

Viele Pferde haben Schwierigkeiten, ein Bein länger oben zu halten bzw. länger auf drei Beinen zu stehen. Oft liegt das an mangelnder Balance und fehlendem Körpergefühl, vor allem für die Hinterbeine. Je weiter das Pferd am Boden ausgebildet wird, vor allem mit Stangen- und anderen Geschicklichkeitshindernissen, desto besser wird sein Körpergefühl. Auch TTouches (Berührungen) an den Beinen nach Linda Tellington-Jones können dafür hilfreich sein.

Oft liegt das Gezappel auch am Aufheber, der auf promptes Hufegeben besteht und das Bein hektisch vom Boden hochzieht. Geben Sie dem Pferd eine Chance, sich bequem und stabil hinzustellen, bevor es den Huf von alleine hochgibt!

Stellen Sie sich neben das Pferd, tippen das gewünschte Bein leicht an, geben das gewohnte Stimmkommando und warten ab, ob das Pferd eins oder mehrere der anderen drei Beine bewegt, bis es stabil steht. Dann wird es wahrscheinlich den Huf von alleine geben. Tut sich nichts, tippen Sie immer wieder auf das gewünschte Bein, bis das Pferd zumindest das Gewicht auf die anderen Hufe verlagert. Dann können Sie anfangs das Bein mit möglichst wenig Kraftaufwand hochnehmen. Gibt das Pferd irgendwann den Huf von selbst, stellen Sie ihn zur Belohnung gleich wieder ab und es gibt Lob und Leckerli.

Verlangen Sie anfangs immer nur kurze Intervalle mit aufgenommenem Huf. Zappelt das Pferd herum, halten Sie den Huf unbedingt fest, sonst hat das Pferd den Lerneffekt: »Wenn ich nur genug rumhample, hört das lästige Hufegeben auf.« Steht das Pferd (wieder) ruhig, setzen Sie das Bein bewusst auf dem Boden ab, dann gibt es Lob und Leckerli. Gerade bei älteren Pferden, die schon etwas steif sind, jungen Pferden, die noch nicht gut im Gleichgewicht sind und Pferden mit Beinproblemen sollten Sie viele Pausen einlegen. Das tut auch Ihrem Rücken gut!

Möchte ein Pferd immer das gleiche Bein nicht geben oder zappelt nur dabei herum, könnte ein gesundheitliches Problem dahinterstecken, das mit einem Tierarzt oder Osteopathen abgeklärt werden sollte.

Bein bewusst abstellen

Lassen Sie den Huf nach dem Hufeauskratzen nicht einfach los. Knallt er ungebremst auf harten Boden, kann im Extremfall das Hufbein brechen! Eine Übung, die das Gefühl für die einzelnen Beine verbessert, ist das bewusste Abstellen: Bewegen Sie den aufgehobenen Huf in kleinen Kreisen dicht über dem Boden, bevor Sie den Huf sanft auf dem Boden absetzen. Gleichzeitig kommt das Kommando »ab«. Drückt das Pferd gegen Ihre Bewegungen oder zieht den Huf wieder hoch, machen Sie wieder kleine Kreise, bis es lockerlässt. Sobald der Huf auf dem Boden steht, gibt es Lob und Leckerli.

Die Übung »Huf abstellen auf Kommando« ist auch sehr nützlich, wenn das Bein bandagiert oder verbunden werden oder Mauke behandelt werden soll.

Hufbearbeitung bei Beinproblemen

Kuriert ein Pferd eine längere schwere Beinverletzung aus, kann die Hufbearbeitung am gesunden Bein problematisch werden, wenn es auf dem kranken Bein nicht oder nicht lange stehen kann. Gerade das gesunde Bein sollte aber auf keinen Fall durch einen zu langen Huf mit falscher Winkelung noch mehr (über)belastet werden. Das gesunde Bein auf einen Hufbock stellen geht in diesem Fall nicht, da das Pferd kein Gewicht auf dem darauf abgestellten Huf aufnehmen kann.

Die Lösung für dieses Problem kann eine breite Baumscheibe mit ca. 15 cm Höhe sein: Lassen Sie das Pferd mit dem gesunden Huf auf die Baumscheibe steigen und den Huf so weit vorne abstellen, dass der Tragrand vorne ein Stückchen übersteht. Das Pferd kann das kranke Bein entweder herunterhängen lassen oder, falls das geht, auch diesen Huf auf die Baumscheibe stellen. So kann man wenigstens die Zehe und den vorderen seitlichen Tragrand etwas beraspeln. Um die Trachten zu kürzen, muss das Pferd den Huf so weit hinten abstellen, dass die Trachten leicht überstehen.

Für die Bearbeitung der Hinterbeine kann man die Baumscheibe unter dem Pferdebauch etwa auf Höhe der Flanke platzieren, dann kann das Pferd eventuell das gesunde Bein daraufstellen und belasten, ohne den ganzen Körper hochzustemmen zu müssen. Jetzt zahlt sich aus, wenn Ihr Pferd in gesunden Tagen bereits gelernt hat, auf ein Podest zu klettern und seine Beine auf Aufforderung einzeln kontrolliert zu bewegen. Mit viel Ruhe und Geduld ist diese Methode aber auch ohne Vorübungen hinzubekommen.

Sprühflasche und Wasserschlauch

Die meisten Pferde sind nicht gerade begeistert von überraschenden kalten Duschen aus Sprühflasche und Wasserschlauch. Zum einen mag es das zischende Geräusch sein, das ihnen Angst macht und zum anderen das unangenehm nasskalte Gefühl auf der Haut. Üben Sie nur bei warmem Wetter, auch Pferde möchten bei Kälte nicht mit kaltem Wasser übergossen werden! Füllen Sie eine leere Sprühflasche, zum Beispiel von einem Fliegenmittel oder einen Pflanzenwassersprüher mit Wasser und lassen Sie das Pferd schauen und daran schnuppern. Jetzt beginnen Sie, vom Pferd weg in die Luft oder auf den Boden zu sprühen und beobachten seine Reaktion. Wird es nervös, sprühen Sie ruhig weiter. Notfalls lassen Sie jemand anders das Pferd halten und entfernen sich sprühenderweise noch ein Stück, bis das Pferd ruhiger wird. Sobald es das Geräusch erträgt, machen Sie eine Denkpause. Arbeiten Sie sich auf diese Weise langsam an das Pferd heran und beginnen Sie, immer öfter den Wasserstrahl statt auf den Boden auf das Pferd zu richten.

Sollte das Pferd nervös werden, sprühen Sie ruhig weiter. Nicht aufhören, sonst hat das Pferd den Lerneffekt: »Wenn ich nur lange genug herumhample, dann verschwindet das unangenehme Ding wieder!« Steht es kurz ruhig, gibt es sofort Lob und Leckerli und eine Pause.

Gutes Beispiel macht auch bei Pferden Schule: Zeigen Sie dem Sprühflaschen- oder Wasserschlauch-Neuling aus sicherer Entfernung, wie ein ruhiges Pferd eingesprüht oder abgespritzt wird.

Wasserschlauch

Führen Sie das Pferd mehrmals über den auf dem Boden liegenden Wasserschlauch. Wenn es ruhig darübergeht, nehmen Sie den Schlauch hoch, zeigen ihn dem Pferd und berühren es an den Beinen damit, bis es ruhig steht. Nehmen Sie die Sprühdüse ab, falls der Schlauch eine hat, damit das Wasser nicht zischt und spritzt, sondern bei wenig aufgedrehtem Hahn nur leicht herausläuft. Jetzt stellen Sie sich neben das Pferd, nicht frontal davor, sonst fühlt es sich bedroht und möchte ausweichen, und lassen den Wasserstrahl über die Vorderhufe laufen. Sobald das Pferd das entspannt geschehen lässt, kommen die Vorderbeine dazu, dann Schulter und Brust und zum Schluss die Hinterhufe, Hinterbeine und die Hinterhand. Rücken und Lende sollten Sie nicht mit kaltem Wasser abspritzen, da dort große Muskelgruppen sind, die sich schmerzhaft verkrampfen können. Eine verschwitzte Sattellage wäscht man besser mit einem nassen Schwamm ab und geht hinterher mit dem Schweißmesser darüber. Hat das Pferd panische Angst vor dem Wasserschlauch und darf wegen einer Beinverletzung nicht herumhampeln, können Sie das kranke Bein zum Kühlen in einen Eimer Wasser stellen. Aber auch das sollte das Pferd vorher geübt haben. Sonst können Sie das Bein immer noch fortlaufend mit dem Schwamm abwaschen oder einen Angussverband anlegen.

Danksagung

Mein besonderer Dank gilt auch bei diesem zweiten Buch allen lieben Menschen und Pferden, die mich dabei unterstützt haben:
Peter Wiesenfarth für das Titelbild und zahlreiche weitere gelungene Fotos.
Marco Regler für die vielen schönen Bilder von den Freizeitreitertagen.
Meinem Mann Peter Buchwald für noch mehr Fotos und seine liebevolle Unterstützung in jeder Lebenslage.
Barbara Heilmeyer für ihr sachkundiges und warmherziges Vorwort.
Meiner wunderbaren Sída, meiner unvergessenen Sirky und allen Pferden, die mir soviel Freude geschenkt haben und von denen ich so viel lernen durfte.

Die Akteure:
Yvonne Regler und Skolli
Tanya Mayer und Keni
Elke Hoffmann und Jacy Chex Enterprise
Robert Hoffmann und Jay Jacs Khan
Ulrike Markert und Muscat
Franziska Zahn
Sída
und einige ungenannte Teilnehmer der Freizeitreitertage Sondelfingen

Die Reithallen:
Stockwiesenhof, Hohenstein-Eglingen
Reiterkameradschaft Sondelfingen

Urte Biallas
Januar 2012

Urte Biallas lebt mit ihrem Mann, ihrer Islandstute Sída und den Pferden ihrer Haltergemeinschaft auf einem Hof auf der Schwäbischen Alb.

Seit ihrer Kindheit ist sie begeisterte Freizeitreiterin und hält seit 1983 Pferde in Eigenregie. Ihr Motto ist »Leben mit Pferden«, und so bereichern bunte Pferdeaktivitäten alle Jahreszeiten. Wann immer es die Zeit erlaubt, trifft man sie auf Wanderritten in ganz Deutschland. Im Frühling 2012 wird ihr zweijähriges Nachwuchspferd auf dem Hof einziehen. Lavena ist ein Exmoorpony aus einem Naturpark und bisher völlig frei aufgewachsen. Eine neue, spannende Herausforderung, bei der es sicher viel zu lernen und viel Freude gibt!

Unsere Erfolgsreihen auf einen Blick

Die Reitschule *(Auswahl)*

Heinrich Bergmann-Scholvien, **Arbeit an der Doppellonge**, ISBN 978-3-275-01805-5
Urte Biallas, **Bodenarbeit**, ISBN 978-3-275-01708-9
Urte Biallas, **Bodenarbeitskurs**, ISBN 978-3-275-01830-7
Kerstin Diacont, **Dressur für Fortgeschrittene**, ISBN 978-3-275-01749-2
Monika Hannawacker, **Zirkuslektionen**, ISBN 978-3-275-01831-4
Angelika Schmelzer, **Pferde erziehen**, ISBN 978-3-275-01709-6
Angelika Schmelzer, **Reiten im Gelände**, ISBN 978-3-275-01748-5
Britta Schön, **Mein erster Turnierstart**, ISBN 978-3-275-01777-5
Sabine Schweickert, **Fahren für Einsteiger**, ISBN 978-3-275-01803-1
Viviane Theby, **So lernen Pferde**, ISBN 978-3-275-01804-8
Sigrid Weppelmann/Sandra Mensmann, **Longieren**, ISBN 978-3-275-01727-0
Sigrid Weppelmann, **Basispass Pferdekunde**, ISBN 978-3-275-01750-8
Inga Wolframm, **Angstfrei reiten**, ISBN 978-3-275-01729-4

Die Hundeschule *(Auswahl)*

Annegret Bangert, **Begleithundprüfung**, ISBN 978-3-275-01779-9
Ann-Sophie Griebel, **Clicker-Training**, ISBN 978-3-275-01714-0
Micaela Köppel, **Spiel und Spaß für jeden Tag**, ISBN 978-3-275-01732-4
Petra Krivy/Angelika Lanzerath, **Darf der das?**, ISBN 978-3-275-01835-2
Petra Krivy/Ann-Sophie Griebel, **Ein Hund aus zweiter Hand**, ISBN 978-3-275-01780-5
Petra Krivy/Angelika Lanzerath, **Was ein Welpe lernen muss**, ISBN 978-3-275-01689-1
Petra Krivy/Angelika Lanzerath, **Hunde verstehen**, ISBN 978-3-275-01756-0
Petra Krivy/Angelika Lanzerath, **Einfach gut erzogen**, ISBN 978-3-275-01731-7
Petra Krivy/Angelika Lanzerath, **Mein Hund im Flegelalter**, ISBN 978-3-275-01810-9
Uta Reichenbach/Tanja Sinner, **Agility**, ISBN 978-3-275-01660-0
Monika Schaal/Ursula Breuer, **Komm zu mir!**, ISBN 978-3-275-01623-5
Monika Schaal/Ursula Daugschieß-Thumm, **Lockere Leine**, ISBN 978-3-275-01621-1
Julia Schuster/Jochen Schleicher, **Dog Frisbee**, ISBN 978-3-275-01755-3
Beate Schwarz, **Dummy-Training**, ISBN 978-3-275-01690-7
Manuela van Schewick, **Apportieren mit Spaß**, ISBN 978-3-275-01754-6
Christiane Wergowski, **Alleine bleiben**, ISBN 978-3-275-01659-4

happy cats

Nina Ernst, **Willkommen Katze**, ISBN 978-3-275-01781-2
Nina Ernst, **Zufriedene Stubentiger**, ISBN 978-3-275-01760-7
Gabriele Müller, **Miau – Katzensprache richtig deuten**, ISBN 978-3-275-01782-9
Gabriele Müller, **Katzenspiele**, ISBN 978-3-275-01811-6
Annette Thomée, **Gesunde Katze**, ISBN 978-3-275-01839-0

Jedes Buch mit 96 Seiten,
ca. 80 Abb., broschiert,
je € 9,95/sFr 18,90/€(A) 10,30